回転寿司からサカナが消える日

小平桃郎

Momoo Odaira

はじめに

2023年4月、私は約2年ぶりに国際線に乗り、スペインのバルセロナで開催された「ヨーロッパ・シーフードショー」に足を運びました。

国際的な魚食の展示会であるシーフードショーは世界各地で頻繁に行われています。なかでも規模の大きい「三大シーフードショー」というものがあります。3月のアメリカ・ボストン、10月の中国、そして4月下旬~5月上旬に開催されるこの「ヨーロッパ・シーフードショー」には毎年、世界各国から水産関係者が数多く訪れます。

業界関係者向けの展示会なので、事前登録や招待状が必要となりますが、入場料を支払えば一般の方でも見学が可能です。シーフードショーには、各国の水産業者が一堂に集まるため、仕入れ先や販売先の新規開拓、会社の宣伝をするのが主な目的となります。それ以外にも、海外の水産関係者と旧交を温めたい人、会社の経費で海外に行きたい人、なんとなく展示会が好きな人など、さまざまな人が出入りしています。

3日間にわたって見学をしましたが、今年は日本からの来場者が非常に多いことに驚きました。そこには「海外で販売する」「コネクションをより厚くする」という意志が感じられます。以前は水産会社の上層部が〝視察〟という名目で「よろしくね」と形ばかりの挨拶回りをする場所というイメージでしたが、近年、日本の水産各社は語学堪能な若手社員を積極的に採用し、海外にどんどん行かせてチャンスを与えているように見えました。

しかし一方で、日本勢の出展ブースについては課題もありました。海外の派手でお洒落なブースに対抗できているのは、大手水産会社が海外のグループ会社と共同で出展している2社くらいのもので、他の会社はあまり特徴を出せておらず、合計の出展数も他の国に比べて少なかったのです。

一方で日本より目立っていたのは開催国スペインや中国、チリ、ノルウェー、カナダなどの水産大国。加えて、近年勢いを増すトルコやエクアドル、ベトナムも展示ブースにかなり力を入れていたように感じました。日本勢も、「日本パビリオン」という数社合同でまとまって日本食文化をアピールする展示スペースがありましたが、生産者（天然、養殖）、加工製品（製品の販売＋工場としてのアピール）、特産品、いずれも特筆して海外に強くアピールできるものが少なく、押しが弱いと感じてしまいました。

2023年4月下旬にスペイン・バルセロナで開催された「ヨーロッパ・シーフードショー」の様子（筆者撮影）

例えば、チリであればサーモン、ノルウェーは同じくサーモンとサバ、カナダはカニを含めたさまざまな水産物、スペインやポルトガルは大型船で漁獲した冷凍魚の販売。さらに中国やベトナムは、生産・加工拠点としての技術アピールといったように、それぞれの国のブースには大まかな特徴がありました。

日本のアピール力の弱さには原因があります。日本勢は長らく「海外は水産物の仕入れ先」としか見ておらず、世界中の水産業者が集まる展示会では上客のバイヤーだったのです。しかし、アメリカや中国、ヨーロッパに買い負けしてしまうようになった今、明らかにその状況は変わりました。長い間続いてきた状況が一変し、日本勢は戸惑っています。その結果、強みをはっきり打ち出すことができていない展示となったのでしょう。

ただし、魚食における日本の影響力はしっかり感じ取ることができました。海外企業のブースでは、自社の商品の品質をアピールする宣材写真に寿司の写真や、日本語での表記が非常に多かったからです。日本の品質に対するこわだりや、魚料理の豊富さはまだまだ他国の追随を許さず、世界の魚食文化をリードする国のひとつであると私は考えます。

インバウンドの復活で、朝の豊洲市場や週末の築地場外市場は一大観光地と化しており、訪日外国人で溢れかえり、人気寿司店はどこも長蛇の列になっています。日本の魚食文化と歴史は世界に引けを取っていません。しかし、国内ではそれらの価値を共有できておらず、経済力やルール面で国際的に後れを取り始めるなか、このままでは取り返しがつかないことになるのではという危惧を覚えます。日本の水産業界の現状は厳しく、課題も多く今後の道のりは困難を極めています。

本書は、我が国の尊い魚食文化を守るため、日本に住む皆さんにこの現状を知ってほしいと思い、筆を執りました。日本や世界中の漁師さんなどの危険や苦労、家庭やレストランの厨房での負担を軽減するための加工工場の実態、その後食卓に届くまでの保管や物流など、主に輸入水産物の現状についての問題点や課題をまとめたつもりです。

「魚をもっと食べよう」「海外の観光客に日本の魚を食べに来てもらおう」と読者

の方が感じ取ることで、結果的に日本の魚食文化の継続・保全につながれば幸いです。

魚を獲った漁師、獲られた魚に敬意を払い、丁寧に無駄なくおいしく、なるべく毎日食べましょう。

明日もおいしい魚が食べられますように。

目次

第2章

第3章

第1章

国民食・回転寿司に迫る危機

食料価格の高騰で岐路に立つ回転寿司チェーン

水産業界で起きている「激変」

私の自宅からもそう遠くない場所に、市川考古・歴史博物館という小さな博物館があります。そこには付近の貝塚から出土した、縄文時代中後期のものとみられるヤス（魚を突き刺して獲るための道具）が展示してあります。鹿や猪の角や骨を削って作られたとみられているそうですが、4000〜5000年前のものとは思えないほど精巧です。

ほかにも、網漁に使ったとみられる重石も常設展示されています。また、過去の企画展では、7500年前に魚介類の運搬に使われていたとされる日本最古の丸木舟も展示されていました。縄文時代にすでに高度な漁労が行われていたことを示す資料です。日本国内の同年代の他の遺跡からは、丸木舟に乗って外洋に出てマグロやカツオといった大物を漁獲していたことを示す漁具も出土しています。

淡水漁労も含めればその歴史はさらに古く、1万5000年以上前のものとされる前田耕地遺跡（東京都あきる野市）からは、サケ科魚類の歯が7000点以上出土しており、保存のための加工も行われていた可能性も指摘されているそうです。

このように、日本人の生活は、古代からサカナとともにありました。

そしてもちろん今でも、サカナは日本の伝統的食文化の根幹を成す食材です。近年、食生活の多様化や西洋化によって、その消費量は減少傾向にあるとはいえ、島国に住む私たちにとって、魚介類はいつでも気軽に食べられる存在でした。

食堂に入れば焼き魚定食があり、居酒屋にはホッケの開きがあり、生魚が食べたければ回転寿司店には10種類以上のネタがレーンに回っている……。そんな世界はわれわれ日本人にとっては当たり前のことで、気にも留めない日常でした。

しかし、そんな時代は過去のものになってしまうかもしれません。

ロスジェネ世代のど真ん中に生まれた私は、大学卒業後に紆余曲折あって語学留学の一環でアルゼンチンに渡りました。その後、現地の水産会社で雑用係としてアルバイトをしながら、エビやイカなどを買い付けに来る日本企業との商談や現地アテンドや検品などの手伝いをし、スペイン語が話せるようになってきてからは当時日本からイカを獲りに来ていたイカ釣り船員の通訳なども経験しました。

帰国後、輸入商社を経て日本の大手水産会社に就職し、2021年に独立しました。今は水産貿易商社の代表兼水産アナリストとして活動しています。気づけば20年近く、この業界に身を置いていることになります。

ちなみに私の父も築地の魚市場で40年以上、商売をしていたので、子供の頃から私の生活はサカナと共にありました。生まれ育ったのは東京・築地近くの豊海という倉庫街の中にある社宅で、幼稚園の終わりまで暮らしました。その幼稚園は、大手水産会社の社員寮や、築地の他の会社の人々の子供など、大部分が水産関係者の家の子が通う幼稚園だったのを覚えています。外は倉庫に来る大型トラックがたくさん走っていて危ないのですが、発泡スチロールの空箱や保冷用の氷の塊が路上によく落ちていて、夏にはよく拾って遊んでいました。

その後、千葉県の浦安へ引っ越しますが、深夜ラジオを聴きながら試験勉強などしていると、午前2時、3時に出社して行く父親を毎日、見ていました。冬は寒くて大変だなあ、と思っていましたが、よくよく考えると市場はさらに水浸しで、冷たい水や凍った魚を扱うので、想像より厳しい環境だったのでしょう。朝食を一緒に食べたことはほとんどなかったと思います。

今も自分の仕事で、全国の市場で働く方とお話しする機会も多いのですが、日本の食卓を支える市場で働く方々には本当に頭が下がります。

それから数十年を経た今、私が日本の水産業界で目の当たりにしているのは、過去に経験したことのない大きな変化です。特にコロナ禍やロシアによるウクライナ侵攻以降、日本や世界の社会的・経済的状況が激変するなか、水産業界も激しい変化に直面しています。

「このままでは日本の魚食文化は大きく衰退してしまう」

最近では、そんな危惧を、私は常に感じています。20年前に水産業界の門を叩いたときには、まさかこんな時代が訪れようとは夢にも思っていませんでした。

「なにをそんなに大げさに……」と思う方も多いでしょう。でも、ここでどうかページを閉じないでください。私はまさに、そうした危機感とは無縁の方々に、目下、日本の水産業界で起きている現状を共有したく、筆を執らせていただくことにしました。

回転寿司チェーンの値上げラッシュの背景

世界の漁業・養殖業生産量は過去30年で約2倍に増加しました。では、「水産大国」ともいわれる日本ではどんな変化があったでしょうか。漁業・養殖業生産量は6割減、漁業就業者数も6割減、一人当たりの食用魚介類の消費量は4割減……。出てくるのは、水産業や魚食文化の衰退を示す、ネガティブな統計ばかりです。

ただ、数字の話から入ってもあまり実感がわかないかと思いますので、読者の皆さんの身近に起こっている事象から、お話ししていきたいと思います。

２０２２年、庶民の味方だった回転寿司チェーンが軒並み価格変更に踏み切ったことは皆さんにとっても印象的だったのではないでしょうか。業界最大手のスシローは10月から一番安い皿を10円値上げすることを発表。くら寿司も１１０円皿を減らして２２０円皿を増やす方針を打ち出し、はま寿司も「平日寿司一皿90円」を終了させるなど、各社は値上げに動きました。私の実感としても、回転寿司では最近、１５０円や３００円などの価格帯のメニューが明らかに増えています。

一方では、同年6月にスシローが「うに」を１１０円で提供するというキャンペーンを打ち、消費者からは歓迎されました。ところが一部店舗では、キャンペーン期間中にもかかわらず肝心のウニの品切れが相次ぎ、ネット上で批判にさらされるという一幕もありました。

実は、回転寿司業界で同時に発生した値上げと欠品という2つの事象は、日本の水産業界で巻き起こっている異常事態を鏡のように映した結果と言っても過言ではありません。

まず、値上げの背景にあるのは、テレビや新聞で報道されている通り原材料費の高騰です。食品の値上げラッシュが続いていますが、なかでも、魚介類の値上げ幅は特に顕著です。2022年6月の消費者物価指数では「食料」が前年同月比4・1%の上昇となりましたが、なかでも「生鮮魚介」に限っては、14・8%も高騰しているのです。

原価率は50%前後といわれる一方で、営業利益率10%以下というハイコスト・ローリターンの回転寿司業界で、このレベルの原材料費高騰はまさに一大事です。値上げに踏み切るチェーンが相次ぐのも無理はありません。

しかし、回転寿司各社による値上げはすぐさま、売り上げに負の影響をもたらしました。大手チェーンの2022年12月の売り上げを見ると、くら寿司は前年同月比で90%前後、スシローは同80%前後にとどまっています。「安い、旨い」がウリの回転寿司業界での値上げは、直ちに客足に影響したようです。

一方で、その時点では値上げを見送っていたかっぱ寿司は前年同月比100%超と、売り上げ増を達成しています。とはいえ決して手放しで喜べる状況ではなさそうです。同チェーンを運営するカッパ・クリエイトの2023年3月期第3四半期

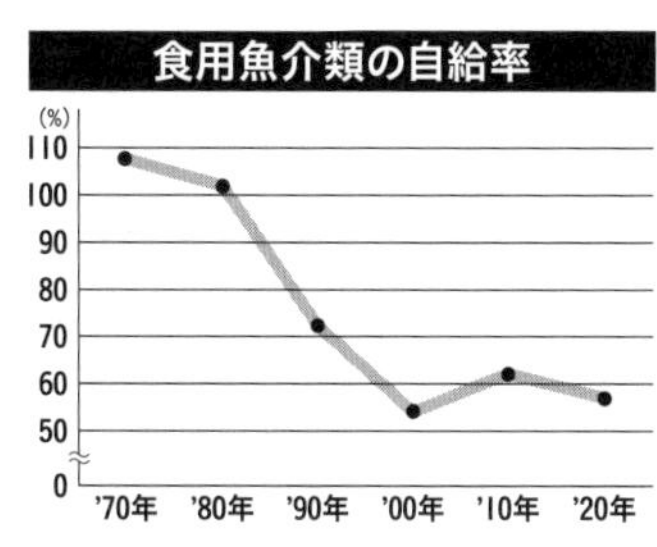

出典：「令和2年度　水産白書」

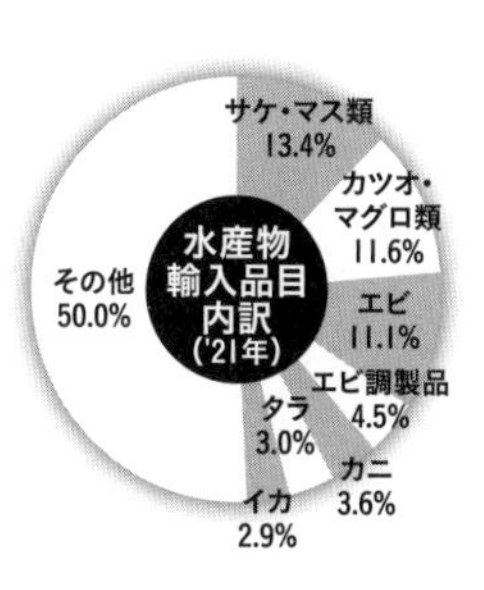

出典：「令和3年度　水産白書」

決算では、13億円超の営業損失を計上しています。原材料費が高騰する中での値上げ回避が赤字の一因であることは、想像に難くありません。

回転寿司業界を苦境に追い込んでいる水産物価格の高騰ですが、そもそもその原因はなんなのでしょうか。

農林水産省によれば、2021年度の魚介類の自給率（重量ベース）は57％にとどまっています。つまり、私たちが口にしている魚介類の4割以上は輸入品ということになります。

そう考えると、ほかの多くの食料品と同様に円安や原油価格の高騰が水産物価格を押し上げる一因となっていることは間違いないでしょう。しかし前述のとおり、消費者物価指数においては食品の中でも生鮮魚介が突出して高騰しているのです。

これを説明するのは、それほど単純ではありません。こと生鮮魚介の価格高騰においては、漁獲量の減少や国際的な争奪戦の中での買い負け、サプライチェーンの崩壊によるコスト増など、それ以外の要素も複雑に絡み合っています。そしてその絡み合い方は、魚種によっても異なってきます。

定番ネタのサーモンは100円で売れなくなった

まず、皆さんに身近な回転寿司の定番ネタ「サーモン」を例に説明しましょう。これまで、手頃な価格で提供されるサーモンは、ノルウェーとチリが2大供給地でした。大規模に養殖されることから価格や供給量も安定していたのですが、2022年の春、回転寿司店のレーンから消えかけました。

原因はウクライナ戦争です。ロシア上空を民間機が飛行できなくなったことで、ノルウェー産サーモンの空輸に支障が出たのです。報道によれば、ノルウェー産の輸入量はロシアの侵攻開始直後に30％も減ったといいます。ただ、すぐに中東などの迂回ルートが確立され、供給量自体は回復しました。しかし、回転寿司のレーンに戻ってきたノルウェー産は価格が1・5倍となり、国産の生鮮サーモンに切り替える店も出てきました。迂回による輸送コストが転嫁され、ノルウェー産の仕入れ値が採算ラインを越えたのです。一方、水産商社には供給義務があるので、国産サーモンなどの代替品が用意されるまでは、赤字でも納入しなければいけない契約になっています。ロシアを迂回するルートを構築するのは容易ではなく、航空運賃は一時的に5倍にまで跳ね上がりました。それでも納入売価は契約によって変えられません。外食や小売りが契約で縛ることで、物

北海道で水揚げされる秋サケ。海外産が品薄状態となり、回転寿司には国産サーモンが増えている

価が上がりにくい構造ができあがってしまっているのです。

外国産の生食用のサーモンやトラウトが100円皿の寿司ネタとして日本に輸入・流通しているパターンは大きく分けて3つあります。

まず①は、ラウンド（丸一匹の状態）を生のまま空輸でアジア各地にある水産加工場に運び、そこで寿司ネタ用にカットして凍結。日本に船（冷凍コンテナ）で運ぶ方法。
②は生産地の加工工場でフィレ（三枚おろし＋骨取り）にしたものを凍結し、日本まで海上輸送。各店舗で切り分けて提供するというパターン。
そして③は、凍結したサーモン原料（頭部と内臓を除去した状態）を海上輸送で加工工場に運んで一旦解凍し、寿司ネタ用にカットして再び凍結。また船で日本まで輸送するという方法です。

コストとしては、①が最も高く、②は店舗でのコストやオペレーションの手間がかかります。③はワンフローズン（冷凍回数1回）で済む①や②と比べ、一度解凍して再冷凍するため、味や品質面ではやや劣りますが価格が大幅に抑えられます。

特に③のチリ産トラウト寿司ネタスライスは2021年まではキロ当たり2000円前後で取引されていましたが、2022年には2800〜3000円となっています。国産トラウトはさらに高く、キロ当たり3500円ほど。①〜②は言うまでもなく2貫100円で提供する事は不可能となりました。

これらを、一般的な回転寿司のネタのサイズ（8g）に換算すると、単純計算で1枚当たり22円以上。一皿2カンとして、寿司ネタのみの原材料費が50円もしくはそれ以上となると、100円の売価を維持することは難しいと予想します。

その後、ウクライナ侵攻を原因とするサーモン市場への影響は一段落しましたが、価格は依然高止まりしています。円安と諸外国の消費増による「買い負け」も原因になっていると思われます。

話は変わりますが、回転寿司の定番メニューに「とろサーモン」という、脂の乗ったハラスという部位があります。もともとハラスは欧米で食べる習慣がなく、骨取りフィレとして輸出される際や、スモークサーモンなどの加工品を製造する際に切り落とされ、捨てられていました。それに目を付けた日本人が原料として安く買い付け、加工していたのです。

トルコ産サーモンがスーパーに並ぶ日

しかし、最近では生産者がハラスの商品としての価値に気づき、安く販売することを嫌がり始めています。日本食が広まるにつれ、ハラスの美味さに海外の人たちも気付いたからです。加えて、前述したようなノルウェー産アトランティックサーモンの高騰もあり、切り出したハラス部分が買い叩かれるならいっそのこと、切り出す事を止めようと考える企業も増えたと聞きます。そのため今、ハラスの原料調達は非常に苦労するようになりました。ハラスの寿司ネタスライスの相場は私の知る限り、3年前より40%前後も上がっており、グレードによってはキロ当たり3000円になっています。ハラスもサーモンの価格に肉薄するなか、やはり回転寿司の低価格ネタのラインから姿を消す可能性があるのです。

ただ、日本の水産業界も全くの無策というわけではありません。

　これまで日本とほとんど取引がなかった産地に、サーモンやトラウトの新たな仕入れ先を見いだそうとする動きが活発化しています。

　その代表例がトルコ産トラウトです。同国産トラウトの2022年輸入量は冷凍ドレス（頭部と内臓、エラを取り除いた状態）などが前年比5・3倍に急増。生食用として扱われることも多い冷凍フィレも前年比2・2倍と大きく伸びています。市場におけるシェアを見ても、2021年は10％程度だった冷凍ドレスなどは2022年に30％台に急伸。冷凍フィレも同5％程度から10％台に伸びています（『みなと新聞』2023年2月4日付）。

　すでにノルウェー産やチリ産サーモンの代わりにトルコ産トラウトを寿司ネタとして提供している回転寿司チェーンも少なくありません。味のほうも引けを取らず、好みの問題ではありますが、トルコ産トラウトが一番うまいと言う人も少なくありません。

　そしてこのトルコ産トラウトは今後、輸入量が拡大していくものと思われます。すでに養殖の歴史が長いノルウェーやチリでは、過密養殖による伝染病や環境汚染の問題を防止するため、業者へのライセンス発行をストップさせています。つまり新規参入ができないのです。一方、トルコは政策としてトラウト養殖をバックアップしており、海面養殖の新規ライセンスも発行しています。スーパーの鮮魚コーナーでトルコ産トラウトが堂々と並ぶ日も近いでしょう。

さらにもうひとつ、今後大きな話題になりそうなのがアトランティックサーモンの国内陸上養殖です。三重県津市では、すでに年産1万tを見込むアトランティックサーモンの陸上養殖施設が建設中です。この施設を保有するのは、世界的なアトランティックサーモン養殖事業者の日本子会社です。ほかにも、大手商社と水産商社が組んで投資・開発する計画が2025年以降相次いでいます。円安が進み、海外からの原料調達価格が大幅に上昇する今、この国内養殖サーモンが救世主となるのか、注目です。

「7つの海を駆け巡る」海外産が主流の寿司ネタ

オーシャンフレートの変動で海外産の寿司ネタが高騰

先ほど、回転寿司を代表するネタのひとつであるサーモンを例に取り、流通パターンやコスト上昇の要因についてご説明しました。

サーモン以外にも回転寿司には、水揚げも加工も海外で行われたのちに、日本に持ち込まれるネタは少なくありません。例えばカニや甘エビ、赤エビ、ボイル寿司エビなどが海外水揚げ・海外加工の代表的なネタになります。

実は低価格をウリにする回転寿司では、メニューのうちおよそ6～7割が海外で水揚げ・加工されたネタといっていいでしょう。各チェーンは、原材料の原産地情

回転寿司の主なネタの「原産地」

海外産		国産
マグロ	タラコ	ハマチ
甘エビ	イクラ	アジ
エビ	アワビ	タイ
エンガワ	ウナギ	ホタテ貝
ウニ	アナゴ	カンパチ
タコ	ツブ貝	カツオ
イカ	赤貝	
サーモン	コハダ	

※大手回転寿司チェーンの原産地表示を基に編集部作成（時期によって異なります）

報をホームページ上で公表していますが、アルゼンチンやカナダ、スペイン、タイ、ベトナム、中国……と、数多くの国々が原産地として表示されています。

さらに、水揚げ地と加工地が別であることも少なくなく、日本に入ってくるまでに複数の国を経由しているものもあります。そうした意味では、回転寿司のネタは、私たちの口に入るまでに「7つの海を駆け巡る」と言っても過言ではないかもしれません。そのため、このところの物流コスト上昇が、回転寿司チェーンの原価率を大きく押し上げていることは、容易に推測できます。

まずは物流コストを語るうえで避けて通ることができないオーシャンフレート（海上輸送運賃）です。航路にもよりますが、原油高や円安の影響により、ここ

2～3年で少なくとも30％以上上昇しています。海外原料の場合、フレートは契約した買い付け価格に含まれている場合と、買い主側が支払う場合の2パターンがありますが、いずれにしてもフレート上昇分は回転寿司店の仕入れ値に織り込まれることになります。

さらに前述のような、別の国での加工を挟んで日本に再輸出される魚種は、その影響もさらに大きくなります。

私の得意分野のひとつであるアルゼンチン産赤エビを例にご説明しましょう。

スーパーなどで生食用として有頭で販売されているアルゼンチン産赤エビを目にしたことがあると思います。回転寿司チェーンでネタとして使われている赤エビもモノは同じです。

ただ、回転寿司チェーンが仕入れるのは通常、解凍さえすればすぐに寿司ネタとして使える「むき身」のものです。この赤エビは頭の部分が全重量の約45％を占めていますが、むき身で提供する回転寿司用には、有頭である必要はありません。そこで運賃節約のため、最近では水揚げ地で頭が取られ、軽量化されたものを買い付

アルゼンチンでの赤エビ漁の様子。日本のほぼ真裏にある国から寿司ネタはやってくるのだ

けるのが主流となっています。

しかも、アルゼンチンから直接日本に輸入されているわけではありません。

水揚げ後、頭を落とされたエビたちはまず、冷凍コンテナで中国やベトナム、タイ、インドネシアなどの加工地に輸送されます。そこで殻をむかれ、身を開かれといった加工を施されたのち、ようやく日本に向けて輸出されるのです。

水揚げから別の国での加工を経て日本に輸入される場合、水揚げ国から直接輸入される場合に比べて単純計算で輸送回数は倍に増えます。また、経由地で必要となる冷凍保管の費用も、電気代が高騰するなか全体のコストを押し上げています。

そもそも原料のコスト自体も上がっています。アルゼンチン産赤エビは、大手チェーンがこれまで使用している、無頭キロ当たり40～45尾のサイズのもので考えると、2021年までは1000円／kg前後だったものが2022年は円安の影響が大きく、1300円／kg以上に上がっているのです。

水揚げされた同サイズの赤エビの現地価格は1尾当たり30～35円程度ということになりますが、納品されたものの中には規格外品や折れているものなどが含まれていることを考えると、1尾の原料コストはさらに上がります。

これに運賃や日々上昇する海外加工賃、関税（エビは1％）、冷凍保管費用、新型コロナ関連の追加費用などを計算すると、水産会社がどれだけ利益を削ったとしてもコストは1尾当たり寿司ネタだけで50円前後もしくはそれ以上になるはずです。これでは1カン100円の皿で提供することは、現実的に難しいでしょう。

国内水揚げの魚が海外の加工場へ運ばれ逆輸入される

では、なぜ日本へ持ち込まれる輸入水産物の多くが、物流コストの割合を増やしてまで国内ではなく海外で加工を行っているのでしょうか。それは今まで、物流コストが増加したとしても、人件費の安い発展途上国で加工したほうが全体的なコスト削減につながったからです。

日本の回転寿司業界の価格競争が激化し始めたバブル崩壊以降、寿司ネタの生産拠点はコストカットを目的として中国や東南アジアに移転され始めました。アジア各国の人件費が日本の数分の1だった頃の話です。各回転寿司チェーンや水産業者は、水質や温度管理、衛生面の意識などを現地工場に指導し、日本での生食に対応できる品質を提供できる体制を懸命に構築してきました。

そして今では、日本の近海で獲れる魚種でさえ、一旦海外に出されるものもあります。

サバもその一つです。回転寿司で使用されるのはノルウェー産が主流ですが、時期によっては価格や流通上の要因もあり国内産が使用されます。ただ、そうした場合でも、国内の漁港に水揚げされたものが、わざわざ中国や東南アジアの工場に持ち出され、シメサバなどにされて再輸入されるケースもあるのです。

つまり回転寿司で「国産マサバ」とあるシメサバが、実は日本から出て中国やタイに渡り、そこで加工されて再び日本に戻ってきていることもあるのです。その場合、国産品であるにもかかわらず、その往復のオーシャンフレートが仕入れ値に上乗せされることになります。

今や代表的な回転寿司ネタの中で、水揚げも加工も国内で完結しているものといえば、国産のホタテやアジ、養殖のハマチ、カンパチ、タイくらいでしょう。

ところが、そうした体制が今、裏目に出てきています。物流コストの上昇はひと頃と比べればいくらか落ち着きを見せ始めましたが、現地の人手不足や賃金上昇などにより、加工コストが上がってきています。今では一部の魚種の加工に関しては国内回帰が進みつつありますが、一度海外に移転した生産体制を再び日本に戻すのは、容易なことではありません。

寿司ネタ供給がピンチ!?
海外の水産加工場で起きている異変

新興国の人件費高騰で岐路に立つ日系加工場

回転寿司業界は、バブル崩壊後約30年にわたり、日本人の所得の横ばいが続くなか、熾烈な価格競争にさらされてきました。

厚労省が実施している「生活衛生関係営業経営実態調査」によると、2002年の回転寿司店の平均客単価は2664円でしたが、2018年には1496円にまで減少しています。

その裏で各チェーンがコストカットのために取り組んだのが、寿司ネタの加工場の海外移転でした。中国やタイ、インドネシア、ベトナムなど、人件費が日本よりも格段に安い国で生産すれば、加工地を経由させても全体的なコストカットにつながったからです。

農林水産省の「漁業センサス」によると、1988年に1万3764あった国内水産加工場は、30年間で6444と半数以下にまで減少しています。

同省がまとめている「水産加工統計調査」にも、水産加工のオフショア化の動きが如実に表れています。水産動植物を主原料（原料割合50％以上）として製造された、食用加工品及び生鮮冷凍水産物の国内生産量は、1990年には約552万tを誇っていましたが、2000年には約391万tにまで減少。そして直近の2020年にはなんと255万tにまで減っているのです。

しかし前述のとおり、コストカットのための海外移転が完全に裏目に出ています。昨今の原油高やコンテナ不足による物流コストの上昇や円安もその理由のひとつです。しかし、それ以上に大きいのが、加工地で起きている変化です。

まずは現地の人件費の高騰です。例えば、ここ10年ほどでベトナムやタイの製造業の平均賃金は1・5～2・5倍、中国に至っては3倍以上に上昇しています。

なかでも水産系の仕事は、「きつい」「立ちっぱなし」「寒い」などの理由で若い労働者から敬遠されがちで、ほかの製造業より厚待遇で迎えなければ、人手が集まりません。

水産系の工場のなかでも、寿司ネタの加工場は衛生面や鮮度面での管理が特に厳格です。鮮度を保つため、加工場内の温度は低く設定されているうえ、毛髪などの混入防止のため、ユニフォームもかなり重装備。さらに工場に入る際に、細菌の繁殖を防ぐため、厳重な手洗いや長靴洗浄などが課せられます。

高品質で安全安心な寿司ネタを生産するうえでとても重要なポイントなのですが、そこで働く人たちにとってはどうでしょう。従業員はトイレに行くのもひと苦労。もしも賃金が同じならば、アパレルや日用品の工場で働いたほうが楽だといえます。

一方、多くの加工工場を抱える中国では別の問題もあります。

同国の水産加工工場の労働者は内陸部出身の若者がメインです。工場敷地内に併設されている寮に住み込みで働き、数千人単位が在籍する工場もザラにあります。問題は年に一度の旧正月。同じタイミングで多くの従業員が大量に里帰りをしますが、近年、うち何割かはそのまま戻ってこないことが多く、工場側は新たな人材を補充しなければいけません。そのため毎年、旧正月明けは補充人員の教育期間となり、加工スピードと品質の低下が起こりやすくなります。

水産加工工場は東南アジアや中国南部など、暖かい気候の地域にも多いのですが、そういう場所での労働者の質の低下は命取りにつながることもあります。

基本的に現地では水道水が飲めないので、工場内で使用する水や氷には、衛生面で細心の注意を払う必要があります。もちろん、従業員の手洗いからの衛生管理も徹底しなければなりません。一方でトイレの習慣などにつ

海外の水産加工場でエビが加工される様子。人件費の上昇に歯止めが利かない状態だ

いては労働者の人権の問題もあり、無理強いしたり干渉しすぎたりするようなこともできず、現地の管理者は板挟みとなりがちです。

回転寿司の加工賃は1カン当たり6円

また、原料の鮮度をキープするため、氷をたくさん使い、工場内では常にエアコンを稼働させなければいけません。この温度管理を厳密に行えば行うほど、コストが上がるのはもちろん、寒い環境に慣れない現地の工員へのストレスとなり、人が集まらなくなるということもあります。

水産加工が労働者に敬遠される仕事となるなか、品質とコストを保って安定的に生産を続けることは、今まで以上に難しくなってきているのです。

ネタの種類や加工方法、算出基準によって大きく違ってきますが、コロナ後の加工賃は上昇し続けています。赤エビの場合、2022年春の時点で1尾当たり7～8円前後。サーモンなどのスライスであれば、完成品に対してキロ当たり5ドル台前半かそれ以上はかかっているようです。1カン＝8gで計算した場合、加工賃が占める割合は少なくとも6円になります。そして今もその加工賃は上昇し続けています。

そして、これはかねてから指摘されていた問題ですが、海外の加工には特有のデメリットがあります。それは、製品の見た目について、「だいたい全体的にこんな感じ」という微妙なニュアンスが共有できないことです。

例えば、業務用の寿司ネタ製品は、加工場でトレーに寿司ネタを20枚ほど並べてパックされるのですが、少し形の悪いものが混ざることがあります。あまりにもひどい場合は、売り物として失格になるわけですが、その判断は基本的には加工場の工員に委ねられています。これが日本の加工場であれば、現場の工員と、水産商社や納品先の回転寿司チェーンの担当者の「これくらいならOK」という感覚的な判断が、ほぼ一致します。

ただ、海外の加工場だとそうはいきません。育った国や文化的背景によって「これくらいなら大丈夫」という感覚的な基準がバラバラだからです。そのため、長さや重さに基準を設け、加工場の壁に見本の写真などを貼って作業をしてもらいます。ただ、厳しくしすぎると規格外品が増え、その損失分が正規品として出荷される商材の値段に転嫁されてしまいます。

水産物は原料一つひとつのサイズも形も違うので、海外での加工はバランスコントロールが非常に難しいのが現状です。こうした問題も、海外加工のほうが人件費は安く、人材を安定的に確保できた時代であれば、トレードオフされていました。しかし、メリットがだんだん小さくなるなか、わざわざ品質管理が難しい海外で加工を続けなければいけないことは、大きなジレンマとなりつつあります。

日本の「下請け」を脱して独自に商売し始めた中国の加工場

製造業全般では、海外での生産コストが上昇するなか、生産拠点の日本回帰の動きが加速しています。しかし寿司ネタ加工に関してはそう簡単ではありません。まず、日本国内には、大手回転寿司チェーンのネタを、同一規格で大量に生産できる

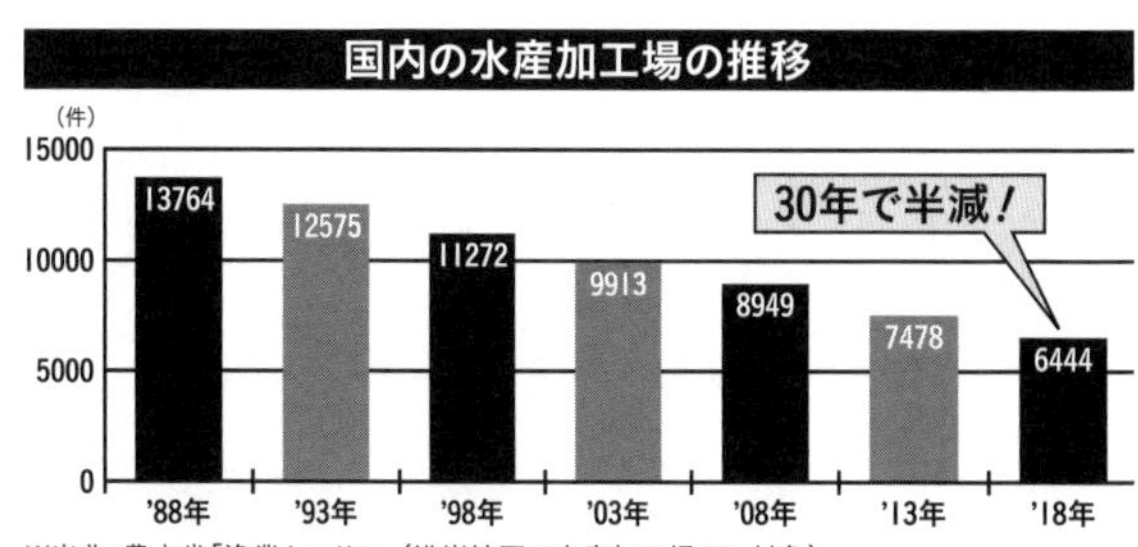

※出典：農水省「漁業センサス」（沿岸地区の水産加工場のみ対象）

設備がありません。

国内には従業員数十人レベルの小規模加工場が多く、大規模な寿司ネタ加工場はほとんどありません。これは「規模の経済」の観点からして非効率です。さらに国内の加工場は海外以上に人手不足が深刻化しているのが現状なのです。

仮に加工体制だけを整えることができたとしても、コスト面で得策とは限りません。詳細は後述しますが、日本はすでに世界の水産の大動脈上からは外れてしまっており、かろうじて支流にぶら下がっているような現状です。

もはや多くの魚種は、中国や欧米などといった巨大市場向けの商材の中から「おすそわけ」をしてもらっているとも言える状況で、加工地だけ国内に戻しても、そこまでの物流やそのコストはどうするのかという問題が生じます。

つまり日本は、すでに引き返しようのないほど水産加工の海外依存を進めてしまったというわけです。

そのことを業界全体が痛感したのがコロナ禍でした。

バナメイエビ、ブラックタイガーなどをボイルや蒸すなどして身を開いた「寿司エビ」という商材があります。これは回転寿司店などでも「えび」として出されている定番のネタです。この寿司エビの加工は主にベトナムやタイなどで行われているのですが、パンデミック下の一定期間、品薄に陥りました。それらの国々で、感染対策として加工場が閉鎖されたことが原因です。インドや東南アジア各国で行われているバナメイエビ漁自体は、そのときには中止されていませんでした。「蒸して（ボイルして）身を開く」工程を委託していた加工場の稼働が止まってしまっただけで、日本人は寿司エビを食べることができなくなったのです。

日本の回転寿司業界が、水産加工の海外依存から抜け出すことが難しいなか、さらに気になる動きもあります。

20年以上かけて日本が育ててきた海外の水産加工場で今、日本向け専業からの脱却が進んでいるのです。世界的な寿司ブームのなか、長年、日本輸出専用でやっていた海外の水産加工場の多くは日本以外の国にも販路を拡大しています。

中国の加工場からは、「発注が少ない割に品質管理にうるさい日本より、細かいことを言わずに大量に買ってくれる国内業者のほうがありがたい」というような声も聞こえてくるほどです。

回転寿司ネタの加工業者は、日本側からの厳しい要求に応えてきたなかで、ハイレベルな品質管理やノウハウを吸収してきました。また、「日本を相手に商売を続けていた」という実績は、国際市場でも信頼につながります。加工業者側にとっては「客を選べる」状況となっているのです。

特に中国では、国内市場が大きく成長しているため、これまで日本向け専業でやっていた加工業者が、現実的に原料の調達から販売まで請け負う形になってきています。そして近年、一部の日本の水産商社では、こうした〝独立した加工場〟から寿司エビやイカ、ツブ貝などを製品として必要な量だけ買い付けるケースも出始めているのです。主導権は日本の水産商社から、海外加工拠点に移っているケースも少なくありません。

回転寿司で甘エビが姿を消し赤エビが増えたワケ

中国の先進企業の中には、欧米や日本の企業の下請けや委託製造から力をつけ、元請けよりも巨大に成長した成功例がいくつもあります。例えば、1990年代初頭には日本の家電メーカーの下請けとして委託製造を行っていたハイアールは、自社ブランド製品を開発し、世界に向けて販売するようになりました。まさにこれと同様のことが、水産分野でも起きつつあるのです。

日本市場しか売り先がなかった時代には、海外の加工業者は、なんでも日本企業のわがままを聞いてくれました。しかし、日本以外にも顧客が増え、客を選べるようになると、彼らの交渉力が強くなります。そうなると、日本からの注文を受けてくれなくなることもあります。

回転寿司で、2尾セットでシャリにのっている甘エビを見たことがあると思います。これはカナダやグリーンランドを中心に漁獲される北欧甘エビと呼ばれるもので、船上冷凍されたのち、海外加工されて日本に持ち込まれるものもありました。

ところが、小型原料のため加工の手間がかかる割に重量当たりの加工賃が稼げない北欧甘エビは、海外の加工場から取り扱いを嫌がられ、ついには日本の回転寿司店のレーンから姿を消しつつあります。その代わりとして、より大型で生食できるエビとして、赤エビや大赤エビとして急速に使われるようになっているのがアルゼンチン産の赤エビです。

ほかにも生食用のエビとして扱われるものには、ボタンエビや大ぶりなロシア産の南蛮エビ（甘エビの一種）もあります。しかし、中国国内での需要増を受け、高値が続いています。冷凍の南蛮エビは2021年、中心サイズの内販価格（商社出し値）が1年間で約1000円／kg前後から3500円／kg前後まで急騰しました。2022年の中国のロックダウンで価格は一服し、2023年2月下旬には3000円／kgとなりましたが、しばらくは以前の価格レベルに戻る可能性は低いでしょう。

　いずれにせよ、庶民派の回転寿司チェーンではすでにお目にかかれなくなりつつあるのです。

　現状は、まだ「品質に厳しい日本の業者に認められている」ということが、加工業者としてのハクや信頼につながるということで、細かい注文にも対応してくれているケースが多いのですが、10年後にも同じ扱いであるとは思えません。

　そもそも、あらゆる産業においては、元請けは下請けよりも立場が上ということが多いと思いますが、水産業者と加工業者の関係はそうとは限りません。

　水産業者が自社商材を、海外の保税区にある工場で加工をしてもらう場合、商材を工場に預ける形となります。これはいわば、人質を預けているような状況です。他の業界であれば元請けは下請けに対し、「契約どおりに仕事をしてくれないのなら支払いをしない」などと言うことも可能でしょう。しかし、水産業者が加工業者にそんなことを言おうものなら「支払ってくれないなら預かっているサカナを引き渡さない」と言い返されてしまいます。

　そこまで行かずとも、商材を加工業者に引き渡した後に、仕事の進め方などについて行き違いなどが発生した場合、解決するまで加工が滞り、その間にもどんどん鮮度が劣化していくことになります。こうした状況もあり、加工業者の立場は水産業者と対等か、時として上になることもありえるのです。

　ちなみに前述のハイアールは自社ブランドによる世界展開ののち、どうなったのでしょうか。同社は2000年代初頭には、元請けのひとつだった日本の家電メーカー・三洋電機と合弁会社を設立するまでになります。さらにその約10年後には三洋から白物家電事業などを買収し、アクアを設立しました。

　そして今、アクアは日本のコインランドリー用洗濯機では7割のシェアを誇るほどにまで成長しています。

日本人しか食べないのに輸入ウニが高騰するワケ

世界中で獲れるウニの9割は日本人が消費

これまでサーモンやエビなど、海外需要の高まりに押される形で、日本市場の国際的プレゼンスが急速に低下している現状について触れてきました。

一方で、いまだ日本がその最終消費地として、独壇場を続けている水産物があります。それがウニです。

口に入れると濃厚な甘みと磯の香りが広がるウニは、寿司ネタとしては唯一無二の存在で、根強い人気を誇っています。しかし、海外ではまだその味を理解できる人は少なく、寿司が食文化として定着した欧米やアジアでも「上級者向け」という

ウニの大半は輸入に頼っている

国内漁獲量 〉 **7629t**（殻付き） ＜ 1位 北海道 / 2位 岩手県 / 3位 青森県

輸入量 〉 **1万931t**（殻付き・身のみ両方） ＜ 冷凍ウニはチリが主流

※活ウニ、生鮮ウニ、冷凍ウニ、塩蔵ウニ、調製品ウニの合計

出典：『みなと新聞』「2021年版うにグラビア」

扱いです。

　国連食糧農業機関によると、２０１８年の世界のウニ漁獲量（殻付き）は約６万７５００ｔ。うち日本の漁獲量は７６２９ｔとわずか１割強です。

　一方、世界最大のウニ漁獲国であるチリは３万４４６ｔと、世界の漁獲量の約半分を占めています。そして、そのチリから漁獲量の約95％を輸入しているのが日本です。チリ産の多くは冷凍ウニで、日本で流通している冷凍ウニの約９割がチリ産といわれています。ちなみに日本のウニの自給率は１割程度とされる一方、世界のウニの９割を日本が消費しているともいわれています。

　しかし、近い将来ウニも以前のように食べられなくなってしまうかもしれません。日本人しか食べないという理由から、ウニは当面は他の輸入水産物のように国際

市場で買い負けする心配はなさそうです。しかし、それでも輸入価格は高騰しているのです。

財務省の貿易統計によると、冷凍チリ産ウニの2022年9月までの平均輸入価格は、キロ当たり約8610円。これは前年から約1・5倍、2016年からは約2・5倍にもなります。他の輸入水産物同様、ウニの継続的な値上がりには円安やエネルギー価格の上昇の影響もあります。しかし、ウニに特徴的なのは、他の魚種と比べて人件費高騰の影響を受けやすいということです。

海底に生息するウニは、ダイバーが潜って一つひとつ手で拾い集めます。水揚げされてからも、殻割りに身の洗浄と手作業が続きます。その後、盛りつけ工場に移動します。ウニは殻に汚れや菌が付着しているので、殻割りと盛りつけは必ず別の場所で行われます。盛りつけ工場ではまず、入念な異物チェックが行われます。ここでウニにトゲや殻が混入していると重大な事故につながるので、細心の注意が払われます。

その後、ミョウバン加工やブランチ（さっと茹でる）などといった、形崩れ防止のための工程を経て、トレーに盛りつけられて凍結され出荷を待ちます。ここまでで、可食部は殻付き重量の約6～8％になってしまいます。

出荷後は、最終消費者のもとに届けられる寸前まで、トレーの蓋が開けられることはありません。例えば回転寿司店でも、トレーのまま解凍すると、あとはシャリの上にのせるだけ。これは食中毒などの衛生問題や異物混入、品質異常があった際に、「誰のせいにもできない」ということ。その分、ウニの加工には慎重さが求められ、結果的に人件費率が高くなるのです。チリの平均賃金は、現地通貨ベースで見ると2016年からの5年間で

チリでのウニ漁の様子。スペイン語でウニは「海のハリネズミ」と呼ばれている

3割以上も上昇しています。この上昇分も価格に反映されているわけです。

加えて、生産量の見通しが非常に難しいことも、価格高騰に拍車をかけています。ウニは真水が当たると弱ってしまいます。風が強いと港も閉鎖されて搬入がストップし、工場が稼働できません。ウニは非常に荒天に弱いのです。

ウニを獲るダイバーも、同じ海域で獲れる海藻やカニなどの相場が上がった際には、それらの漁に行ってしまうので、ウニを獲る人がいなくなるという問題もあります。

回転寿司から「ウニ軍艦」が消えたワケ

こうした生産量の不確実性のなか、在庫を確保したい日本の飲食チェーンや水産商社は、実際に必要以上の量を注文する傾向にあります。その傾向は、売り手にも買い手にも一種のバブル状態をつくり出し、チリ産ウニの価格が吊り上げられていくのです。

　すでに回転寿司業界では、ウニは採算ぎりぎりのところにまで達しているはずです。大手チェーンではある時期までウニ軍艦が100円台で売られていましたが、現在は姿を消しつつあります。今の相場で私が試算したところ、1カン当たり200円以上の価格設定でも採算がとれない可能性があります。ただ、今のところは、目玉商品となるウニの集客効果を加味し、メニューとして提供し続けているチェーンもあります。多くの大衆チェーン店で現在、軍艦ではなくウニが申し訳程度にのった手巻きや、「うに包み」といった状態で提供されているのも、こうした価格上昇が要因でしょう。2023年4月現在、ウニは昨年の高値により回転寿司の販売量が急激に減少し、新シーズンの価格交渉で大揉めしています。

　しかし、この値上がり傾向が今後も続くと、そうは言っていられなくなります。市場原理に従えば、チリ産ウニをほぼ独占的に輸入している日本が買い控えると、そのうち値段が下がるはずです。ただし、実際のビジネスの世界はそう単純ではありません。「買い手は自分たちだけ」という日本の立場が、逆にしがらみとなるのです。

チリでのウニ輸出は1980年代から始まりましたが、その際から日本の水産業とチリのウニ業者は、お互いに唯一無二のパートナーとして、二人三脚のような形で品質を高めていったという経緯があります。

しかし今、日本がチリ産ウニの輸入を半減させてしまったとしたら、日本に完全依存している現地のウニ業界は壊滅状態に陥ります。現在、冷凍チリ産ウニのうち、25～35％は回転寿司チェーンで使用されています。彼らが買わなくなれば、現地のウニ業者はいくつも潰れてしまいます。そうすると、日本はウニの調達先を失ってしまいます。

そうした意味では日本とチリは運命共同体なのです。

今後、回転寿司業界がウニの仕入れ値上昇分に伴った値上げを行い、消費者がそれを受け入れることができれば、その関係は今後も続くでしょう。しかし、それができない場合、日本人はもう数百円という価格で気軽にウニを食べることはできなくなるのです。

COLUMN

不祥事に動画テロ……それでも回転寿司が必要な理由

相次ぐ迷惑行為で囁かれるビジネスモデルの限界

本書ではこれまで、回転寿司業界における大きな変化について紹介してきましたが、もうひとつ、筆者が日本の魚食文化の今後に関わる問題として触れておきたい事態があります。それが、最近頻発している回転寿司業界の苦境や不祥事です。

２０２３年１月、食材高騰に喘いでいた回転寿司チェーンにさらなる苦難が襲いかかります。店内で衛生に関わる迷惑行為に及び、それを撮影してＳＮＳにアップするいわゆる「飲食店テロ問題」です。

なかでも、スシロー店舗で男子高校生が醤油のボトルや湯呑みを舐め回した動画が拡散すると、同チェーンを運営するFOOD&LIFE COMPANIES社の株価にも影響を及ぼし、1日のうちに時価総額が170億円も吹き飛ぶという事態に発展しました。スシローはその後、レーンの運用を一時的に休止する措置をとりました。報道やネット論壇では、回転寿司のビジネスモデルの限界に言及する主張も見られました。

こうした動画テロ問題に関しては回転寿司業界が被害者という立場ですが、2021年からは自らの不祥事も相次いでいます。

くら寿司のパワハラ自殺問題、元気寿司の店舗開発部長による不適切支出およびキックバック問題、かっぱ寿司の社長による、他社からの仕入れ価格や売り上げデータの不正利用問題、そしてスシローのおとり広告問題などです。

回転寿司業界で、何が起こっているのか。それについては筆者よりも内部事情に詳しい、業界関係者のA氏に語ってもらうこととします。

＊＊＊

ここ数年、回転寿司業界は右肩上がりで成長し、コロナ禍において水産物の消費量が低迷した局面においても、一定の仕入れ量を誇っていました。

　そんなこともあって、大手回転寿司チェーン各社は、一目置かれる存在だったわけです。仕入れ先に対しても多少のわがままは言える立場でした。しかし、コロナ禍以降、原油高や円安、コンテナ不足などさまざまな要因が重なり、モノが足りない状態になった。

　そうなると、水産業者が客を選ぶという場面が生まれてきたわけです。大手回転寿司チェーンが友好な関係を築いていたなら、水産業者はモノ不足の状況でも在庫確保に奔走してくれたでしょう。しかし必ずしもそうではなく、回転寿司チェーンの仕入れ担当者は苦慮することになった。

　一方、チェーン各社のマーケティング部門はコロナ禍で減った客足をどうにかするため、モノが揃わないなかでさまざまなイベントを打ち出した。結果、スシローのウニキャンペーンにおけるおとり広告問題が浮上してしまった。

　そもそも魚介類は食肉と違って計画的な生産ができない水モノです。大漁のときもあれば不漁のときもある。供給量が安定しているときでも味や目方はバラバラだったりする。こうした不確定な食材と付き合うというえで、「持ちつ持たれつ」は大原則。経営の合理化はできない。口約束やグレーな部分は出てくる。しかし、近年、海外のファンドが入ってきたり、CSR（企業の社会的責任）とか言い出したわけです。

そうしたなか、どこも合理化して利益を1円でもあげようとする。そこは本来、水産商社がクッションとなり漁業者と回転寿司チェーンの間でうまく調整してきたのですが、最近はチェーンが仕入れコスト圧縮のため、水産商社を飛び越えて直に漁業者や海外工場と取引しようとする。結果、逆に高値でつかまされたり、規格のブレも多くなってきているのです。

ライバル企業同士のスパイ合戦

実はコロナ以前から、すでに100円寿司はコスト的には無理がありました。商社、漁業者の誰かが損をして成り立っている仕組みだったわけです。損を被る代わりに、次回では儲けさせるみたいな業界の商習慣があったのですが、コロナ禍の混乱でそうした馴れ合いが難しくなったということも、回転寿司のビジネスモデルを窮地に追いやっています。

そんななかで起きたのが、かっぱ寿司の元社長による原価情報の不正入手事件でした。ただ、正直言って実はあのくらいのことは日常茶飯事です。回転寿司業界は業界内で人の移動が激しいので、別チェーンに行った元部下に電話して「あのデータ、送ってよ」みたいなこともある。少し昔の話ですが、ライバル会社にアルバイトとして潜入し、サカナの空トレーに貼られてあるシールをチェックして相手の仕入れ先を探ることも横行していたと聞いたことがあります。

また最近、回転寿司業界はバイヤーのヘッドハンティングを活発化させています。実はそれにも仕入れ情報の獲得という別の目的がある場合も多いんです。例えば、採用の条件として「仕入れ可能な取引先の情報を全部持ってくるように」と指示してきます。そして、取得した情報は仕入れ先との値段交渉に材料として使われるわけです。ライバル会社の名前を出して「おたくより安い価格で案内が来ている」と言うと、既存の仕入れ先が値下げに応じてくれる可能性が高まります。

ただ、かっぱ寿司の件について言えば、本当に知りたかったのはフェア関連の情報ではないかと思います。フェアではとんでもない量のネタが動く。例えばあるネタの場合、通常は年間で100t程度しか仕入れていないけれど、フェアともなれば2週間で40tほど仕入れることもあります。各社フェアを行う際には、事前に水産商社から、在庫過剰になっているネタを大量かつ安価で仕入れるわけです。しかし、もし他社のフェアの時期がわかれば、同じ時期か直前に、そのネタを大量に発注することで、相場を上げることができる。すると相手はフェアで大赤字になる。いわば経済的な攻撃です。

クレーマーに悩む回転寿司チェーン

動画テロのような事案が発生したことも、低価格追求のひとつの弊害といえます。価格を下げると、客層もかなり雑多になる。なかには招かれざる客も含まれています。一方で、店員の数は極限にまで減らしているので、全ての客には目が行き届きません。

動画テロ以前から問題になっていたのは偽クレームです。「ネタに貝の殻が入っていて、歯が欠けたから治療費をよこせ」などと言ってくる客は、ごく少数ですがどこの店舗にもいました。多くの場合、店長が病院まで同行すると告げるとそそくさと帰っていくのですが……。それでも本部は〝お客様は神様〟というスタンスなので、下手な対応はできない。

「テイクアウトの商品に頼んだモノが入っていなかった」というようなクレームも多いのですが、その際は店長が相手の家まで持っていくみたいなルールになっているチェーンもある。店長は本部と客の板挟みなんです。

くら寿司の店長の自殺も、そんな状況が要因のひとつなのではないかと想像します。いずれにしても、回転寿司業界が消耗戦に陥っていることは確かです。

＊＊＊

以上が、回転寿司業界に身を置く立場としてA氏が明かしてくれた実態です。ただ、これは一個人としての見解だということは特記しておきます。

とはいえ、さまざまな課題を抱えていることは、回転寿司業界の周辺にいる筆者も感じるところです。しかし一方で、筆者は幅広い魚種を安定的に消費者に届ける存在として、回転寿司店は日本の水産業界にとってなくてはならない存在だと思っています。

高騰しているとはいえ庶民の手が届く範囲で、手軽に生のサカナを楽しめる場所は、ほかにはないでしょう。お客さんを見ても、家族連れから一人客まで、老若男女を問わず幅広く利用しています。

ネタの種類や商品の提供方法など、回転寿司業界も時代に応じて変化していくことと思われますが、この後も日本の水産物消費を牽引する存在であり続けることを筆者は望んでいます。

第2章

サカナを取り巻く世界情勢リスク

弁当や定食に欠かせないサバをめぐる危機的状況

簡単に釣れるサバの値段がなぜ高くなるのか

秋といえばサンマの季節です。ところが近年はサンマ水揚げ量の減少が顕著で、価格も高騰しているうえ、魚体も概して小ぶりとなっていることは周知のとおりです。

かつてサンマの水揚げ日本一を誇った千葉県の銚子港は、2022年、統計を取り始めた1950年以来初の水揚げ量ゼロとなってしまいました。2009年には6万t以上あった同港のサンマ水揚げ量は、2020年には500t以下にまで落ち込み、翌年はたったの18t。気候変動の影響で、サンマが銚子沖まで南下しなくなったことが原因とみられます。

また、国際的な資源管理の動きも、ますますサンマを高嶺の花に変えていきそうです。

２０２３年3月に札幌で開かれた、日本や中国、台湾など9つの国と地域が参加する北太平洋漁業委員会では、向こう2年間は北太平洋でのサンマの漁獲量の上限を、以前より25％引き下げた25万ｔにすることが決まりました。

また、サンマの稚魚を保護するため、一部海域では6月と7月は禁漁となるほか、年間の操業期間も１８０日以内に制限されることとなりました。さらに、操業できる船の数も２０１８年の実績から10％も削減をしなければいけなくなったのです。

サンマが気軽に買えない魚となるなか、量販店などではサバの商品ラインナップを充実させ、サンマの代替として「秋の味覚」とする動きもあります。

しかし、そのサバさえも近い将来、気軽に食べられなくなるかもしれません。

日本の近海魚を代表する魚のひとつであるサバですが、実は輸入依存度が高い魚種のひとつです。農林水産省の統計から概算される、２０２１年の日本国内のサバの消費量はおよそ28万ｔ。うち国産は４割にとどまっており、残りは外国産なのです。

輸入の７割を占めるのはノルウェー産のタイセイヨウサバです。コンビニの弁当や飲食チェーンの定食に使われているサバのほとんどがノルウェー産、スーパーで加熱用として売られているサバの切り身の多くも同国産と言ってもいいでしょう。

ところで日本航空が、ノルウェーから生のサバを空輸しているのをご存じでしょうか。現地で旬を迎えたサバを、一度も冷凍せずに生のまま輸入し、「サバヌーヴォー」と名付けて国内で販売する試みで、コロナ禍による旅客減少の埋め合わせという目的もあったようです。

オリンピック方式により、成長しきっていない小さいサバが食卓に上るのだ

２０２１年は試験的に20ｔ輸入していましたが、好評だったために翌年は輸入量を増やしたとのことです。私も塩焼きで試食しましたが、鮮度が良いこともあって脂乗りも良く、身もふっくらとしていて美味でした。

とはいえ、味であれば国産のサバも負けないはず。釣りをする人ならわかると思いますが、サバは簡単に釣れる魚であり、狙ってもいないときにも食いついてくるほど。資源量が枯渇しているようにも思えません。しかも、２０２２年９月の冷凍サバの卸値（フィーレ）を見ても、ノルウェー産はキロ当たり６５０～１２００円。国産は６８０～７００円程度（大阪本場市場市況データ）。むしろ国産のほうが安いくらいなのです。

日本の漁業はいまだ「早い者勝ち」のシステム

それなのに、日本はなぜ８０００㎞以上も離れた国から、はるばるサバを輸入しているのでしょうか。一番の理由は、日本ではサイズの大きなサバがあまり獲れず、ノルウェー産のほうがサイズは大きいからです。

ノルウェー産の場合、1匹当たり300〜600gで脂肪率30%以上ですが、国産の場合は200〜300gが中心で、脂肪率も20%程度といわれています。

サイズの違いは品種の問題だけではありません。タイセイヨウサバは脂の乗りが良く、煮魚や焼き魚に向いていますが、それはサイズが大型になるよう、水揚げ時期がノルウェー政府によってコントロールされているからです。そこには、日本の海洋資源管理の構造的な問題があります。

1996年に国連海洋法条約への批准に際して制定された「海洋生物資源の保存及び管理に関する法律（TAC法）」に基づき、水産庁はサバやサンマ、クロマグロなどといった「特定水産資源」の漁獲枠（獲ってもいい数量の上限）を毎年設定しています。例えば7月から1年間の太平洋系群のマサバ及びゴマサバの漁獲枠は28万8500tに設定されています。

漁期に入ると、国内の漁業者は「ヨーイドン！」で漁獲を始め、水揚げ総量が上限に達した時点で打ち止めとなります。「早い者勝ち」ということで、この資源管理法はオリンピック方式、またはダービー方式と呼ばれています。

しかし、これには問題があります。すべての漁業者が「上限が来る前にできるだけたくさん獲ろう」と思うことで、魚が旬を迎えるのを待たずに、漁獲枠の大部分を獲ってしまうのです。腹ペコが集まって焼き肉をした際に、みんな生焼けのまま食べてしまうことと似ています。サバでいえば、魚体が成長し脂が乗るのを待たずに、水揚げされてしまうのです。

日本でサイズが大きく脂が乗ったサバが獲れない原因のひとつはここにあります。これは漁業者の収益性の面でも不利です。

さらにこのオリンピック方式には、水産資源管理上のデメリットもあります。サバは近海魚の中では長寿で知られ、平均で6～7年、なかには10年以上生きる個体もいます（サンマの寿命は約2年）。寿命が長いぶん、成魚となるにも時間がかかり、生殖ができるようになるまで2～3年がかかります。

しかし、オリンピック方式のもとでは、未成魚のまま水揚げされてしまうものも少なくありません。水産資源管理のための漁獲枠が、逆に漁業の持続可能性の障害

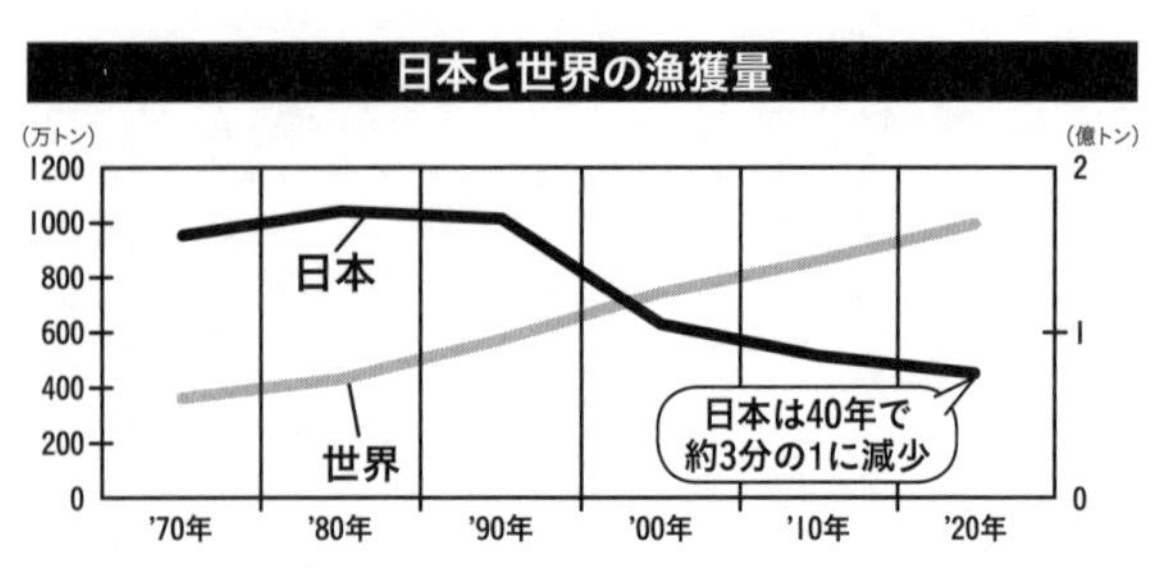

※左目盛は日本、右目盛は世界の数量
出典：水産白書（令和３年度）およびFAOのデータより作成

となっているのだから皮肉です。

このままでは、国内におけるサバの漁獲枠をますます削減しなければいけなくなる可能性もあります。世界のサバの漁獲量は右肩上がりですが、日本では40年でおよそ3分の1にまで激減しています。

特に２０２３年は、異常ともいえる事態になりました。漁業情報サービスセンターが集計した、全国主要港における同年2月の生鮮サバ類（マサバ・ゴマサバ）の水揚げ量は、前年同月比38％減の１万１７９０ｔでした。この不漁には、海洋熱波による高水温が影響している可能性が指摘されています。

ちなみに海洋熱波とは、数日から数年にわたって海水温が急激に上昇する現象で、地球温暖化の影響で近年、各海域で頻発しています。海水温が上昇すると、サンマのような寒流魚は不漁になる一方で、ブリやイワシなどの暖流魚は豊漁になる傾向にあります。

サステナブルな漁業方式を取る国からの輸入に頼る日本

日本がオリンピック方式による資源管理を行っている一方で、ノルウェーをはじめとする欧米諸国では、それぞれの漁業者ごとに漁獲枠を付与する個別割当方式（IQ方式）を採っています。それぞれの漁業者が、魚の旬を待ってから漁を本格化させるので、大きく成長した魚を効率よく獲ることができ、サステナブルであるといえます。ノルウェー産のサバがどれも大ぶりで脂が乗っている理由もここにあります。

日本がオリンピック方式による水産資源管理を改めない限り、サバに関してはノルウェー依存から脱却することはできないでしょう。

それだけではありません。今、サバは世界的にも需要が増えている魚種のひとつです。最も大きなライバルは隣国の韓国。ノルウェー産サバを最も多く買っているのは韓国で、総額は約173億円。一方、日本の輸入額は約160億円となっています（2021年度、ノルウェー水産庁）。そしてベトナムがこれに続いています。マグロにサーモンにブリなど、今、世界市場で人気が高いのは脂肪分の多い魚です。ノルウェー産サバもこの条件に合致しており、今後はこれらの国々以外においても需要が伸びることが予想されます。

そして鍵を握るのがアフリカ市場です。もともと海産物の消費量が多くないアフリカ諸国でしたが、ここ10年ほどの間でサバ缶が浸透し、サバを食べる習慣が根づきつつあります。近年は日本から小型サイズのサバが輸出されているほどです。日本からアフリカへ向けて輸出されるサバと、ノルウェーから日本へ向かうサバを載せたそれぞれのコンテナ船は、太平洋かインド洋ですれ違うはずで、想像するとなんとも皮肉な話です。

しかしアフリカ諸国が今後発展して購買力が上昇すれば、サバの国際価格はますます上昇し、ノルウェー産もこれまでのように安定的には日本に入ってこなくなるかもしれません。

財務省貿易統計を見ると、値上がりはすでに始まっています。ノルウェー産冷凍サバ（ラウンド）の価格は2017年にはキロ当たり212円程度でしたが、2022年には305円にまで値上がりしています。

ノルウェー産サバの価格上昇の一因となったといわれているのが、イギリスのEU離脱です。かつてイギリスがEUの一員だった時代には、ノルウェー漁船はイギリスの海域でもサバ漁が可能でした。ところがブレグジット以降はそれが不可能になりました。

2016年にイギリス国民が取った決断が、日本人のサラリーマンが昼食に食べるサバ弁当の値段を変えてしまうかもしれないのだから、やはり世界は海でつながっているのです。

こうした事情でサンマやサバもしばらく高値が続きそうですが、それに代わる庶民の秋の味覚となりそうなのがイワシです。

漁業情報サービスセンターが集計した、全国主要漁港の2023年2月のマイワシの水揚げ量は、前年同月比で38％増という豊漁となっています。

不漁のサバの代わりにマイワシを狙う漁船が増えていることも影響しているとみられますが、日本近海での個体数が増えている可能性もあります。各回転寿司チェーンでも、現在は国産の生イワシを一番低価格な皿で提供していますが、大変お得感があり、おすすめといえるでしょう。

日本とは無関係ではない南米vs中国の「イカゲーム」

大船団で南米のイカを漁りまくる中国

家電製品や自動車、ＩＴサービス、ＡＩ（人工知能）などなど、近年、中国勢の攻勢で日本経済は大きな影響を受けています。そして、それは水産市場も例外ではありません。

今、日本のみならず、世界の水産市場に大きな影響を与えているのが中国による「海洋進出」の動向です。尖閣諸島沖や南シナ海では、中国漁船による他国のＥＥＺ（排他的経済水域）での違法操業が常態化しています。２０２２年5月には、日米豪印のクアッド首脳会談で、人工衛星を活用し、中国漁船による違法操業を抑制する取り組みを行うと共同声明を発表しました。

しかし、ルールを無視した操業を続ける中国漁船団が展開しているのは、周辺国の海域だけではありません。通信社インタープレスの報道によると、同年8月の時点で、ペルーとエクアドルのEEZや領海に侵入した中国籍の漁船は631隻。これは2021年1年間より多く、2020年の350隻と比べても急増しています。

中国漁船団は近年、中米や南米北部沖の東太平洋に出現しています。そこから徐々に南下し、マゼラン海峡を通過して南大西洋に入ってアルゼンチンやウルグアイ、ブラジル沖で漁を行うといわれています。

彼らの最も大きな目当てのひとつがイカです。国連食糧農業機関の統計によると、2020年の中国のイカ類の漁獲量は85万tに達しており、2位のペルーの倍近く。ペルーのイカ漁は、結果として川上の資源を先に中国漁船に漁獲されてしまう形になり、約8億ドルの売り上げを誇っていたペルーのイカ漁は、非常に厳しい状況にあるといわれています。日本のEEZにあるスルメイカの好漁場、能登半島沖・大和堆での中国漁船団の違法操業が問題となっていますが、地球の裏側でも同様のトラブルが起きているのです。

エクアドル、ペルー、チリの沖合にある国際水域でも、毎月数千ｔのイカが漁獲されていますが、最も大きな漁獲高を占めるのが中国です。中国からのこの海域にやってくるイカ釣り船団は、６００隻を超えるともいわれています。これに次ぐのが台湾や韓国ですが、数十隻単位で桁が違います。ちなみに日本からの船団は２０２３年時点では来ていないようです。

ウルグアイの通信社「ＭｅｒｃｏＰｒｅｓｓ」によると、同海域でイカの漁獲量が増加したのはここ20年ほどのこと。過去5年間だけでも、80万ｔから１１６万ｔが捕獲されているとされ、海洋環境の専門家たちからも警鐘の声が上がっているほどです。

南米において、中国によるイカの乱獲に最も怒っている国はアルゼンチンでしょう。同国は、２０１６年に違法操業中の中国漁船を銃撃し、沈没させるという強硬手段に出たこともあります。今でも日常的に警告・追跡を行っており、問題は一向に解決しません。

一大産業となっているアルゼンチンのイカ漁

アルゼンチンのイカとは、私もちょっとした縁があるので少し昔話をさせてください。

本書の冒頭でも少し触れさせていただきましたが、2001年に私は片道切符でアルゼンチンに渡りました。スペイン語を学びながら現地にある日系の水産会社で働くという計画でしたが、それは私にとって初めての海外渡航で、片道切符でいきなり地球の裏まで行ってしまったのです。

米ロサンゼルス、ブラジルのサンパウロと2回も乗り継ぎ、ブエノスアイレスに行くのが定番のコースでしたが、当時は9・11米同時多発テロ事件の直後ということもあり、アメリカでは乗り継ぎの際に預け荷物も全て引き取らねばならず、イミグレーションの列も長蛇の列で、初の海外渡航にしては難易度が高く不安だったのを覚えています。

こうして、午前中に語学学校に行き、午後からは水産会社のオフィスに出勤するという生活が始まりました。といってもスペイン語はもともと「オラ（こんにちは）」と「コモエスタ（元気?）」程度しか話せなかったので、任せられる業務は雑用ばかりでした。

渡航から約1か月後、アルゼンチンがデフォルトに陥り、銀行が突然閉鎖となりました。アルゼンチンペソは日に日に値を下げていきます。街中では毎日暴動が起き、道を歩けば銀行に預金を下ろしたい人が長蛇の列をつくっていました。銀行が破壊され、火をつけられていたところもありました。

ここで重要任務が課せられました。体が大きかった私は、暴徒に襲われる可能性もある銀行に、会社の同僚の公共料金の支払いに行き、窓口に数時間並び、時には現金をポケットに詰め込んでオフィスに届けるという仕事を任せられたのです。

数か月が過ぎ、スペイン語も少しずつ理解できるようになると、日本から出張できたお客さんのアテンドなどを任されるようになりました。私が働いていた水産会社は、社長や社員に日系や韓国系の方はいましたが、ほとんどは現地生まれのアルゼンチン育ちだったので、日本の文化を知る私が出張者の接待役に選ばれたのです。

20代前半でお金がない私にとっても、会社のお金で飲み食いできるいい仕事でした。

食事の思い出といえばもうひとつ。

会社の主な業務はイカ釣り漁船の運航と日本向け水産物の輸出、検品などでした。イカ釣り漁船の船員はアルゼンチン人や韓国人、日本人、ベトナム人やインドネシア人もいたのですが、陸にいるときも係留中の船内で一緒に食事をすることがありました。私もそこに交ぜてもらって食事をしながら、スペイン語での会話を楽しみました。

一方で、スペイン語同様に四苦八苦したのが日本人船員の方との会話です。アルゼンチンのイカ釣り漁船に乗船している日本人船員には、青森の八戸出身の方が多く、方言が強かったせいもあり最初は会話のやり取りに苦労しました。八戸といえば日本有数のイカ水揚げ量を誇る港ですが、20年も前の時点で、イカを求めて地球の裏側まで出稼ぎに来る漁師が少なくなかったのです。

また、その水産会社では日本船のほかに、韓国船も扱っていて、日本船は日本からの出稼ぎ漁師とアルゼンチン人船員、韓国船には韓国からの出稼ぎ漁師とアルゼンチン人船員が乗船していました。日本船では、共有の冷蔵庫に日本人漁師が納豆を入れていたらアルゼンチン人船員が臭いからと言って海に捨ててしまってトラブルになったり、日本から持ち込んだインスタントラーメンをアルゼンチン人船員が勝手に食べて喧嘩になったりすることも。

一方、韓国船では、「キムチは第二の燃料」といわれるほど重要視されており、燃料が満タンでもキムチが届かなければ船は出航しない、といわれていたほどです。取るに足らないエピソードなのですが、過酷な漁師の労働環境では、食料はそれだけ大事な問題だということです。

アルゼンチンのイカ漁の海域は非常に広く、シーズン中は南から、魚群の動きに合わせて、荷下ろしする港も北上していきます。小さな港も、イカ釣り漁船が何隻も入船すると人で賑わい、船員たちは港の酒場などで息抜きをします。それに伴い、沿岸にある船員や漁師向けの酒場のスナックで働くお姉さんたちも、イカの魚群に合わせて移動します。彼女たちはグループで移動し、入船する港を事前に知るため、船乗り、船長、漁業関係者とのさまざまなコンタクトを駆使して、会社の人間もギリギリまでわからない港を間違えずに移動していきます。そんな彼女たちの行動力にも驚かされた覚えがあります。アルゼンチンのイカ漁は、夜の女性たちをも動かす一大ビジネスだったのです。

中国がウルグアイに漁業施設を建設!?

アルゼンチンの海の男たちは概して皆、普段は温厚なのですが、共通して口が悪くなることがありました。それは中国からのイカ釣り漁船について話すときです。私の知り合いのアルゼンチン漁船の船長は以前、「中国漁船が来たら信号弾を撃ち込んでやる」といつも話していました。当時から、中国漁船によるイカ漁が、アルゼンチン漁業者たちの権益を脅かしていたのです。

そうした状況はその後、さらに悪化しています。2018年から2021年の間の約3年間、水産保全系の非営利団体「Oceana」がアルゼンチンのEEZ（排他的経済水域）に隣接する公海上で操業する漁船を監視しました。結果、アルゼン

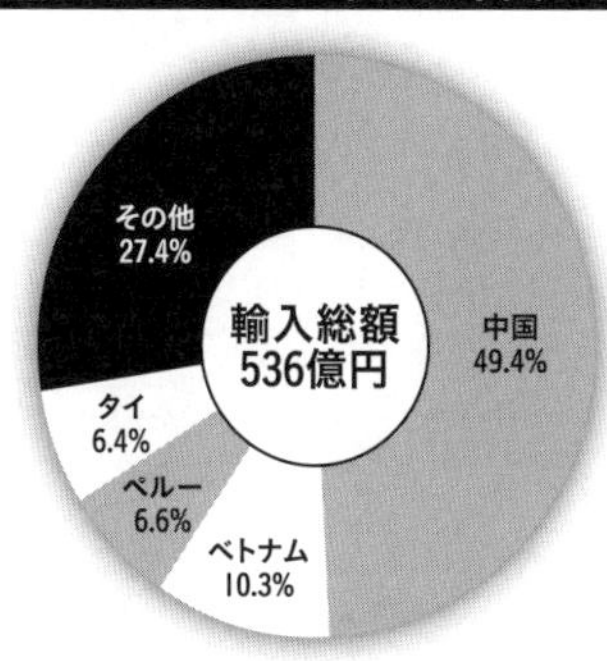

出典：農林水産省「令和3年度 水産白書」

チンの漁船は145隻で、操業時間はのべ9269時間だったのに対し、中国漁船は400隻以上で、のべ62万時間以上操業していたことがわかりました。

つまり、アルゼンチンのEEZのすぐ外側で、同国の漁船の70倍以上の操業を中国漁船が行っていたことになります。さらに、装着が義務付けられている自動船舶識別装置を解除して、EEZ内に侵入していたと疑われる漁船による活動ものべ60万時間以上行われており、その66％が中国漁船だと報告されています。

一方で、一部の中国漁船は、アルゼンチンの沿岸警備隊の職員に賄賂を渡し、同国のE

EZのギリギリ内側での違法操業を黙認させているという噂もありました。さらに近年、イカ釣り船を持つアルゼンチンの漁労会社が、中国資本に買収される例も相次いでいます。そうすることで、中国は同国のEEZ内で堂々とイカ漁を行い、それを中国に輸出することができるのです。

中国の資金力を生かした策略の最たる例が、南米のウルグアイの漁港へのチャイナマネー投下です。

中国は同国の首都・モンテビデオ近郊の漁港に2億ドル超を投資し、中国漁船の修理や補給のための拠点となる港湾施設を建設しようとしているのです。しかも、ウルグアイの主権が及ばない特区にするという計画です。

ウルグアイにとって、中国は主要貿易相手国。大量の牛肉を輸出しています。両国はFTA（自由貿易協定）の締結に向け交渉を進めており、関係は良好です。

ただそんな親中の国でも、さすがにこの港湾施設の計画に対してウルグアイ国内はもとより周辺国からの反対の声も強く、2023年時点で計画は一時中断しているとのことです。

ここまで読んだ読者は「中国はひどいね」と思うことでしょう。

ところが、実はわれわれ日本人も、中国のイカ乱獲に〝加担〟している部分もあります。というのも、日本で消費されるイカのなかには、実は南米で中国船が漁獲したものも含まれるからです。

中国船が乱獲したイカの一部が日本人の食卓へ

財務省貿易統計の国別輸入実績によると、2020年までイカ（モンゴウイカを除く）の輸入相手国は10年以上、中国がダントツ1位となっており、調製品についても同様です。

2022年は中国からのスルメ系イカ類（南米で獲れるマツイカ類や南米アカイカ類など含む）搬入量は21％増の4万7056tとなっています。

では、実際に中国経由で日本に入ってきている南米産のイカにはどのようなものがあるのでしょうか。

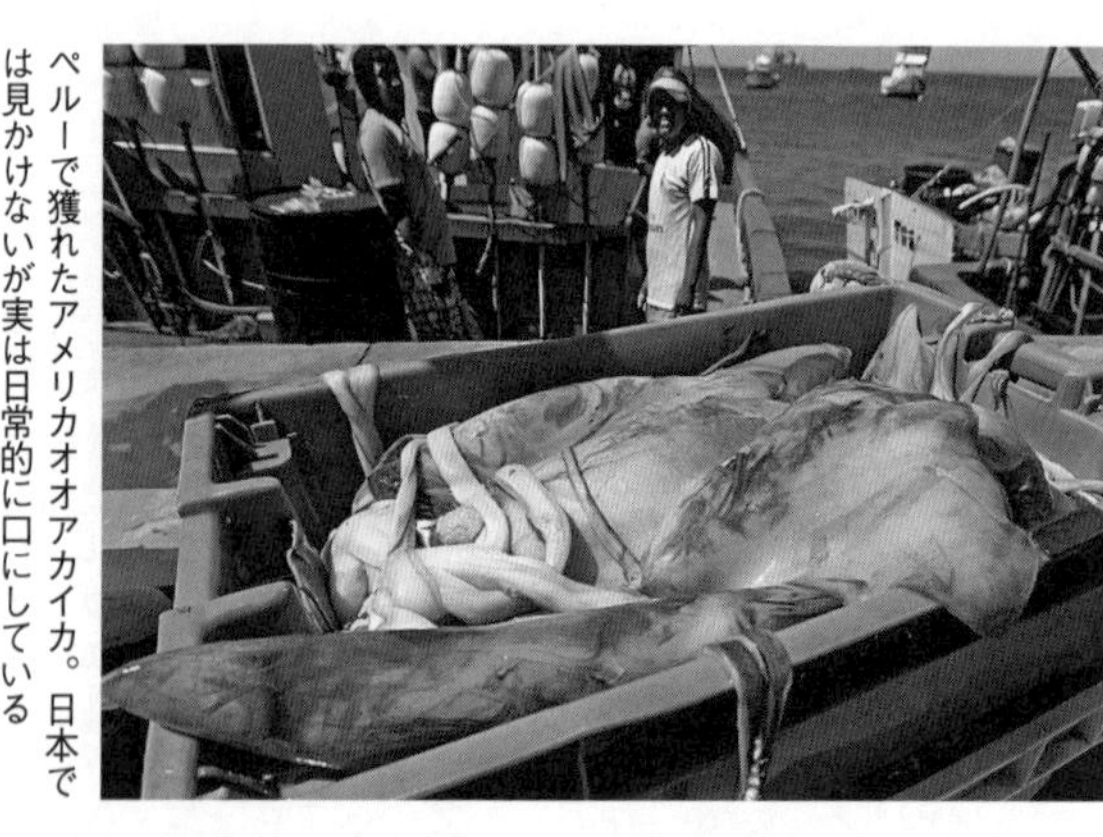
ペルーで獲れたアメリカオオアカイカ。日本では見かけないが実は日常的に口にしている

例えば、ファミレスで目にするイカリングフライ。これはもともと、ヤリイカやアオリイカなど、中型のイカの胴体を輪切りにしたものを揚げた料理です。しかし、イカの価格高騰により、今ではペルーやチリ沖で獲れる、アメリカオオアカイカという大型のイカの胴体を、金型でリング状にくりぬいたもので代用することが世界的に増えています。そのほか、飲食チェーンの天ぷらやコンビニ弁当、冷凍食品のシーフードミックスに使用されることも多いのです。

一方、アルゼンチン海域で獲れるアルゼンチンマツイカは、スルメイカの代用として利用され、縁日の屋台の定番であるイカ焼きや、塩辛、さきイカの原料としても重宝されています。いずれも原産地表示では加工地である「中国」となっているケースがあります。

日本が南米産のイカをわざわざ中国を通して買う理由は、ひと言で言えばコストです。中国は自国漁船でのイカ漁に加え、中南米各国などから圧倒的な量のイカを輸入しているのです。

イカの部位は、上から耳、胴体、足と分けることができ、それぞれ用途が異なります。日本で消費されるのは主に胴体の部分。それ以外の部分は需要が少ないのが現状です。一方、さまざまな調理法でイカを消費する中国では、すべての部位に需要があります。特徴としては、足の部分の需要が胴体同様に高いという話も聞きます。

では、南米のイカ漁業者の立場になってみて考えてください。

市場も小さくて部位のえり好みをし、品質管理にうるさい日本と、市場が大きくイカを丸ごと買い取ってくれる中国――。

どちらのお客さんを大切にするでしょうか。当然、後者です。よって日本の水産商社は、南米の水産業者と直接取引をするよりも、中国がスケールメリットを利かせて安く買いつけたイカから、必要な部分だけを分けてもらったほうがリスクも少なく、お得になるのです。さらに中国は加工拠点も充実しているのでなおさらです。

中国漁船団による乱獲やチャイナマネーによる現地漁労会社の買収には脅威を感じますが、そんな彼らなしには日本の食文化は成り立たない。それが今、われわれが置かれている現実なのです。

北米の禁漁にウクライナ戦争「冬の味覚・カニ」相場が乱高下するワケ

なぜ年末商戦でカニが消えたのか

冬の味覚といえば、まず思い浮かぶのがカニです。

日本では殻付きの年間消費量の約7割が年末年始に消費されます。例年、年末になるとスーパーの鮮魚売り場の一角には特設コーナーがお目見えし、正月の高級食材としてカニを買い求める客で賑わいます。

ところが2021年、この恒例の年末カニ商戦に異変が起きました。スーパーの売り場を見ても、そこに鎮座するカニの姿はまばらだったのです。原因はカニの価格高騰。アメリカの需要増により、国際価格が急上昇し、スーパーで大量販売できる価格帯ではなくなってしまったのです。
財務省の貿易統計によると、冷凍タラバガニの２０２１年12月の１ｔ当たりの単価は、前年同月に比べ１・４倍にまで高くなりました。冷凍ズワイガニも同時期比で１・４倍と高騰したのです。

アメリカの需要増の背景のひとつには、数度にわたったコロナ対策給付金の支給で財布のひもがゆるみ、家庭で味わえるぜいたく品として人気が高まったことが挙げられます。コロナが収束傾向となり、解放ムードで消費が伸びたことも関係あるでしょう。

結局、２０２２年もカニ価格上昇の流れは継続し、11月時点でのタラバガニやズワイガ

アラスカでの禁漁や円安、ロシア問題などさまざまな要因により価格が乱高下するカニ

ニの小売価格は、前年比2～3割高となっていました。これには円安に加え、アラスカでのズワイガニ禁漁の影響もあります。

２０１９年から２０２１年にかけてアメリカ政府が行った調査によると、アラスカ海域で１００億匹のズワイガニが消滅したことが判明しました。その後、資源保護を理由に禁漁措置が決まったのです。この個体数激減には海洋熱波の影響が指摘されています。

そして迎えた２０２２年の年末カニ商戦。

12月に入ると、スーパーや百貨店では販売合戦が繰り広げられました。しかし、折からの高値のため計画より販売ペースが遅く、一部の売り場では在庫軽減のため特価での販売を始めました。しかし、末端販売価格にうまく反映できず、販売数量を伸ばすことができた店舗は少なかったようです。

これには昨今の人手不足もあるかもしれません。現場が混乱してしまうことの危惧や、地方発送などの運送便の便数の減少などにより、現場が急な売価変更を避けたという話もあります。

ただ一方で「カニバブルの崩壊は近い」と見る向きもあります。根拠のひとつは、国際カニ相場を押し上げてきたアメリカの景気減速やインフレ加速による購買量の低下です。高くなりすぎたカニの在庫がだぶつき始めているというのです。

加えて、アメリカが行ったウクライナ侵攻に伴うロシア産の禁輸措置により、本来、アメリカに行くはずだったカニが他の国へ流れているのです。水産業界紙『みなと新聞』（2022年10月12日付）は、「1～8月における冷凍ズワイの輸入量は前年同期比17％増の1万846ｔ。うちロシアからは77％増の7095ｔ」と報じ、ロシア産の輸入単価が8月は前年同月比25％安となる、キロ当たり2738円に下落したとレポートしています。ロシア産水産物については、政府は日本の地域経済を守るため、ウクライナ侵攻後も禁輸措置を発動していません。

ウクライナ侵攻をきっかけとした、水産業界に関連する対ロシア政策の変更点としては、ロシア産カニ（活・冷凍）の関税が4％から6％に引き上げられたことくらいでしょう。これは、G7各国が協調して、ロシアを最恵国待遇から除外する措置をとった結果、ロシア産水産物の関税がWTOの協定税率から一般税率に変更さ

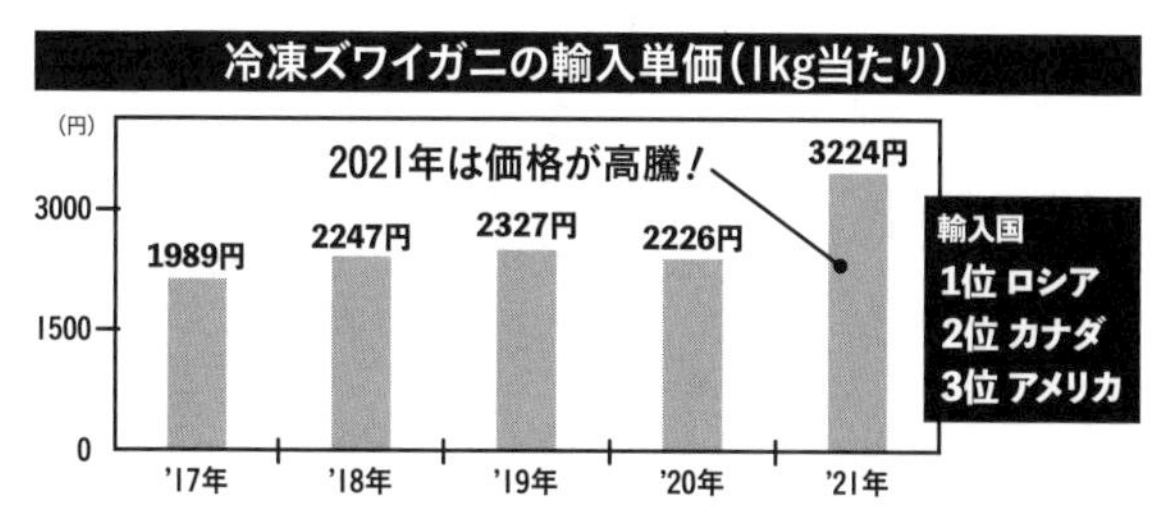

出典：財務省貿易統計、『みなと新聞』、水産白書

れたことによるものです。

カニ流通は他の水産流通と比べてかなり特殊で、小売価格の動向は見通しを立てにくいという事情があります。

ロシアにとっての最大のカニ輸出相手国は実は韓国で、金額ベースで全体の４割のシェアを占めていると海外メディアは伝えています。日本で消費されるロシア産のカニも、後述する外国産冷凍マグロと同様、韓国・釜山を経由しているものが少なくありません。加えて、中国などの経由ルートが多数存在すると言われています。

ちなみにロシア連邦漁業庁によると、２０２２年における水産物の輸出量は２３０万ｔと、前年比10％増となっていますが、そのうち４分の１を中国への輸出が占めています。しかもカニを含む甲殻類の輸出は3割増となっています。この一部は中国を経由して別の国に流れているとも考えられます。

いずれにせよ、ロシアとの水産物取引は、戦争という事態を受けてのイレギュラーな体制になっており、どこにどれだけ在庫があるのか、全体像を把握することは容易ではありません。

カニの加工には多くの人件費がかかっている

こうした状況の中であえて今後の価格動向を予測するとすれば、そろそろカニの値上がりの余地はなくなってはいますが、突然半額になるような暴落も起きないのでは、というのが筆者の見立てです。

カニは水産物のなかでも単価が高い部類に入ります。カニ漁は多くの場合、漁期が数か月と短いため、荒波のなかでも出港し、徹夜で操業することもしばしばです。日本でもカニ漁船作業員は高額バイトのひとつとしても知られていますが、過酷さあってこその高収入なのです。カニ漁で一攫千金を狙う男たちを描いた海外の人気ドキュメンタリー番組を観た方もいるでしょう。

加工にも多くマンパワーが関わっています。流通量の大部分を占める冷凍カニは、ボイルされ、甲羅を取り、肩の状態にして凍結されて箱に詰めて出荷されます。

ちなみに現地の工場ではカニミソが入っている甲羅が床に転がっていることもしばしば。ミソ好きの日本人にとってはもったいない限りですが、手間や効率を考えて肩だけの状態で出荷されることが多いのです。

これを水産業者が買い付けるわけですが、その際に身の割合（身入り）が非常に重要視されます。工場に買い付け担当者が検品のため張りついて、生産時期や漁獲場などをチェックしながら、なるべく身が詰まったカニを選別していくのです。

その後、カニフレークなどに加工されるものに関しては、中国や東南アジアの加工場に持ち込まれますが、カニは解凍し再凍結すると味の劣化が著しいため、半解凍の状態で作業が行われます。そのため、工場内の温度は低く保たれ、働く工員は重装備の防寒対策を強いられます。そんな状態で彼らは1gでも多くの身を取るため、殻をペンチで挟み、ガンガン叩きながら中の身を出していくのです。さらに透明の中骨を除去するため、ほぐした身を暗室内に移動させ、ブラックライトを照射して、工員がピンセットを用いて手作業で除去していきます。

需要と供給でモノの価格が決まるのは市場の常ですが、こうした人件費が原価として存在する以上、冷凍ガニや加工品に関しては今後も価格が下がっていくことはないと思われます。

一方で、直近のカニ相場よりも筆者が危惧しているのは「日本人のカニ離れ」です。

今でも「カニ食べ放題ツアー」などは旅行会社の人気商品ですが、参加者の多くは高齢者が占めています。総務省家計調査などを見ても、カニの購入数量は10年以上、減少し続けています。日本では丸茹でされたものを自分でむいて食べるというのが一般的ですが、これも原因でしょう。高いうえに、殻をいちいちむかないといけません。可処分所得が減っている中年以下の世代にとって、高価で面倒なカニは敬遠されるのは目に見えています。一方で、風味かまぼこ（カニかま）市場が拡大していのは、皮肉としか言いようがありません。チェーン系回転寿司店でも、何年も前からカニかまが定番メニューとなっています。

カニ離れが加速すれば、「規模の経済」が成立しなくなり、日本におけるカニの価格はさらに上昇していく可能性もあるのです。

日本人が知らない国民食・マグロの実態

コロナ禍で値段が急落したマグロ相場

寿司ネタの王様といってもいいマグロも、気軽に食べられなくなる日が近づいています。

新型コロナウイルスの感染拡大で初めて緊急事態宣言が出た2020年4月。政府による飲食店の時短要請やステイホームの呼びかけにより、各種水産物の需要は一気に落ち込み、価格が暴落しました。なかでもぜいたく品の部類に入るマグロが受けた影響は特に顕著でした。

同年4月20日付の『東京新聞』は、こう報じています。

〈豊洲市場の水産物週間市況（四月十〜十六日）によると、鮮魚類の一日平均取扱数量は四百六十九tで、前年同期比で約三割減った。マグロは一九・七tと前年に比べて半減し、国産の卸売価格は一キロ当たり平均二千九百十円で前年の三割近くまで落ち込んだ〉

さらにその後、パンデミックが長期戦の様相を呈し始めると、ネット上では行き場を失ったマグロをはじめとする高級魚類を、バーゲン価格で販売する業者も多数現れました。

しかし、マグロに限っていえば、そんなお買い得セールは1年余りで終了しました。日本の輸入本クロマグロでシェアが大きい地中海産の畜養クロマグロは2021年5月頃からは相場が急騰し始め、同年末時点では前年同期比で部位によっては25〜35％の値上がり。さらに、キハダマグロは産地を問わず6割以上値を上げました。

総務省統計局による小売物価統計調査によると、全国のスーパーで販売されているマグロ１００ｇの平均価格は２０１９年12月の時点では４４１円でしたが、２０２１年３月には４００円にまで下落しました。

ところが、パンデミックから続いていた相場の下落傾向はそこで終わり、翌月以降は上昇に転じています。それからの上昇基調は現在でも続いており、２０２３年１月の平均価格は５３２円となっています。

２０２１年４月の時点で日本国内は依然として自粛要請が続いており、需要は本格的にはまだ戻っていなかったにもかかわらず、です。しかもロシアによるウクライナ侵攻はまだ10か月ほど先のことであり、石油価格も急激には上昇していませんでした。

そんななか、下落を続けていたマグロ価格はなぜ上昇に転じたのでしょうか。

理由として挙げられるのは、海外での需要急増です。

世界中のマグロが韓国を経由して中国に

日本とは対照的に、中国や欧米では当時、ワクチンの普及率や第一波の収束ムードが高まり、感染再拡大への警戒感は和らいでいました。そのため各国では一気に需要が復活していたのです。

もちろん、コロナ禍の影響でそれまでのマグロ水揚げ量が減少していたという事情もあるでしょう。それにしても、日本という世界一のマグロ消費国が不在のまま、世界需要の高まりのなかでマグロ価格が吊り上がったこの事例は、私にとって世界のマグロ市場における日本の存在感の縮小を実感させる一件でした。

日本は今でも世界のマグロ消費量の4分の1を占めるマグロ消費大国です。なかでも高級なクロマグロに限ると、世界の消費量の4分の3を日本が占めています。

しかし、日本が世界のマグロ市場で存在感を発揮していたのはせいぜい6、7年前くらいまでです。

現在、冷凍マグロの世界最大の集積地となっているのは韓国・釜山。

釜山港は、中国沿岸部にも日本の主要都市にもアクセスしやすいという地の利もあり、極東アジアの海上物流のハブ港となっています。世界からやってきたコンテナ船は釜山港に停泊し、そのうちの日本行きの貨物は船を乗り換えて、最終目的地を目指すというのが主流となっています。

さらに、釜山港は、世界最大規模の冷凍冷蔵キャパシティも擁していることから、コールドチェーン物流においては特に優位性を持っています。地中海産の養殖クロマグロをはじめ、世界各国から冷凍状態でアジア向けに輸出されるマグロは、多くの場合、まずは釜山港に上陸します。

そこで、そのまま最終目的地へ向かう別のコンテナ船に積み替えられることもあれば、一旦部位ごとに切り分けられて、再輸出される場合もあります。

中国や日本だけでなく、欧米ほか世界で消費される冷凍マグロの多くが、釜山港を経由していると言われています。韓国のマグロ輸出額は2022年、前年比で4％増となる6億250万ドルの輸出を達成しています（『中央日報』2022年12月14日付）。ちなみにマグロだけではなく、冷凍のカニやエビも釜山港経由で世界に届けられるものが多いといいます。

そうした事情から、釜山を中心に韓国にはマグロを専門とする水産会社がいくつもあります。また釜山には、欧州への輸出に必要な「EU　HACCP」という品質管理認証を持っている加工工場も多いのですが、とても審査が厳しく、日本の水産工場で取得しているところは非常に少ないと言われています。

日本はというと、カツオとマグロを合わせた2019年の輸出額で153億円程度にとどまっているので、その差は歴然でしょう（令和元年度『水産白書』）。

そんな釜山のマグロ業界の最も大きなお得意様は中国です。

寿司ブームが到来して久しい中国ですが、マグロは寿司ネタのなかでも人気上位にランキングされます。なかでも中トロ、大トロを好む人が多く、質のいいクロマグロのトロであれば金に糸目をつけないという人も多いといいます。

もちろん前述のとおり、消費量においては今も日本が世界最大です。しかし、マグロに対する購買意欲の面では、中国市場のほうが勢いはあります。販売側の立場としては、同じものを売るなら、できるだけ財布のひももゆるく積極的な相手に対して売りたいと思うのが当然でしょう。

おおざっぱなイメージとしては、世界各地から釜山港に届くと、まずは大トロや中トロが欧州や中国市場向けに切り取られ、残りの赤身の一部が日本に配分されます。なかには、日本で水揚げされた日本産のマグロも含まれています。日本で水揚げされたのちに一度釜山に送られ、大トロはEU、中トロや赤身は日本に返ってくる、という流れもあるそうです。

赤身が安いのは中国人が大トロを大量消費するから

釜山港が流通のハブとして機能しているのはマグロだけではなく、カニやエビでも同様です。成長を続ける中国の水産業界との結びつきが歴史的に強いため、釜山港のプレゼンスは今後も高まっていくものと思われます。

中国の水産業者やバイヤーが海外でまとめ買いした水産物を釜山で荷揚げし、現地で切り分けや加工を行って大部分を中国市場に持ち込み、余剰品は日本や東南アジアに分配するという流れが、アジアにおける水産流通の今後のトレンドになりそうです。

それを知ると「中国の残り物を食べさせられている」ような気がするかもしれませんが、そもそも日本では大トロはさほど需要はありませんでした。中国が大トロを高く買ってくれるからこそ、日本人は赤身を比較的安く食べられているのです。

２０２３年1月、ＴＢＳの報道番組『サンデーモーニング』の新春スペシャル「堕ちるニッポン再生の道は……」と題されたドキュメンタリーが放映されていました。そこでは冒頭、豊洲市場での初競りで大間産の一番マグロに昨年の2倍以上の値段がついたことを紹介したのち、目下起きているという「ある異変」について言及していました。

その異変とは中国のマグロ需要が高まる中での相場上昇で、輸入マグロの価格が過去10年で2割も高騰したことなどにも触れています。また、番組では日本一の水揚げ金額を誇る焼津港に年50回もマグロの買い付けに来るという中国人バイヤーが登場します。彼はその日も４・５ｔのマグロを購入し、２２００万円を支払ったことも明かされます。

中国と同様に、ここ数年マグロの需要が伸びているのがアメリカです。

全輸出量の8割ほどを日本が輸入していたメキシコ産養殖クロマグロをめぐっては、2020年からアメリカへ輸出されることが多くなったのです。そしてついに2021年にはアメリカの輸入量が日本をわずかに上回りました。今後、数年以内にメキシコ産養殖クロマグロの7割がアメリカへ輸出されるようになり、日本への輸出分は2割未満にとどまるようになると私は見ています。

こうした世界での買い負けの原因は、ほかにもあります。

水産物に対する舌が肥えている日本人を消費者として抱える日本の水産業者は、海外で買い付ける際、要求が高すぎるのです。品質や規格が基準に見合う品物だけを選別することはもちろんのこと、在庫を抱えるのが悪とされているので小ロットで発注します。一方、米中の業者は細かいことは言わず大ロットで仕入れる。品質重視はいいことですが、どちらがお客さんとして歓迎されるか、言わずもがな。

そんななか、マグロに限らず日本市場は海外の生産者にだんだん相手にされなくなってきているのです。水産業界の三大展示会の開催地はアメリカ、スペイン（2021年まではベルギー）、中国で、残念ながら日本は入っていないことを見てもよくわかります。

日本人が好むクロマグロは「絶滅危惧」に引き上げ

マグロに関しては世界市場での買い負け以外にも気がかりなことがあります。それがクロマグロ保護を訴える環境保護団体の動きです。

2014年、国際自然保護連合（IUCN）は、太平洋クロマグロの絶滅の恐れについて「軽度の懸念」から「絶滅危惧」に引き上げました。このとき、元凶として名指しされたのが、当時太平洋クロマグロの9割が消費されていた日本でした。

そして翌年、太平洋クロマグロは国際的な漁獲規制の対象となりました。未成魚（魚体重30kg未満）については、各国ごとに2002〜2004年度の平均値から漁獲量を半減、また成魚についても同期間の平均水準以下にとどめなければならないという厳しいものでした。これにより、日本の太平洋クロマグロの漁獲枠は小型魚で4007t、大型魚は4882tに設定されました。実はこの規制は、世界各国の環境団体から「クロマグロ乱獲」への批判が高まるなか、日本が自ら中西部太平洋まぐろ類委員会（WCPFC）に提案し、採択されたものです。

クロマグロの世界最大の消費国という立場を踏まえ、乱獲防止に取り組む姿勢を世界に見せる必要があったからです。その後、親魚の資源量が回復傾向にあることを受けて漁獲枠は多少見直されています。2022〜2023年の太平洋クロマグロの日本の漁獲枠は、小型魚4725t、大型魚7609tとなっています。

「マグロは養殖が可能じゃないか」と思われる方もいらっしゃるかもしれません。しかし、天然種苗に依存しない完全養殖によるマグロの生産はまだまだ限定的で、野生の幼魚を漁獲して育てる「畜養」がほとんどです。野生の幼魚についても漁獲規制の対象となるため、すぐに養殖量を増やすということは不可能なのです。

大手回転寿司チェーンの場合は、養殖マグロの仕入れを年間で契約していることが多く、今のところはマグロ相場の高騰や、品薄などの影響を受けていないという見方もあります。ただ、今の幼魚が成魚となる2、3年後はどうなるか不透明です。

水産資源の保護において漁獲枠の設定は有効な手段のひとつでしょう。

しかし、漁獲枠の増減は漁業者の収入に直結する問題であり、水産業の健全な存続のためにも、慎重に設定されなければいけません。

回転寿司チェーンに渡っていたヤミマグロ

2023年に入って表面化した大間マグロの不正流通問題も、漁師による漁獲枠への不満が背景にあったといえます。

本州の最北端・青森県の大間漁港で水揚げされるクロマグロは、「黒いダイヤ」とも呼ばれ、国産マグロのなかでも最上級品として認識されています。大間の周辺漁港はサンマやイワシ、スルメイカなどが多く存在し、マグロにとっての栄養源が豊富なため、大間マグロは脂が乗っていて味が良いとされています。

ちなみに豊洲市場の初競りでは、大間マグロが2023年まで12年連続で、その

コロナ禍前の2019年に行われた新春の初競りでは、青森県大間産のクロマグロに3億3360万円の史上最高値が付いた

日の最高値で落札される「一番マグロ」となっています。

そんな一大ブランドに、疑惑が浮上したのは2022年夏のこと。青森県による調査で、大間周辺の3漁協の漁師20人が前年のクロマグロの漁獲量計59・8t分を報告していなかったことが明らかになったのです。

さらにその後、新たな未報告分が明らかとなり、水産業者2人は合わせて74tの漁獲量を県に報告しなかったとして、漁業法違反容疑で逮捕・起訴されました。同年度に、青森県に割り振られていたクロマグロの漁獲量は約710tなので、この「ヤミ漁獲」がそれなりの規模だったことがわかります。

ヤミ漁獲されたクロマグロは、水産卸売会社に売却され、その後、大間マグロとして回転寿司チェーンに卸されていたと報じられました。

マグロの漁獲枠は、海域ごとに行われる国際会議の決議に基づいて各国に分配され、各都道府県や各漁協、そして漁師という具合に、枝分かれするように分配されていきます。基本的にすべてのレベルで、分配は過去の漁獲実績に基づいて行われます。大間漁協では5t以上の枠を分配されている漁師もいれば、1t未満の枠しか与えられていない漁師もいたようです。獲れば必ず儲かる大間マグロの場合、それぞれの漁師が与えられた枠の上限まで獲るのが普通です。すると漁獲枠分配の基準となる過去の漁獲実績は、永遠に固定化されることとなります。大間マグロのヤミ漁獲の動機には、そんな不公平感もあったものとみられます。

また、大間マグロというブランドが有名になりすぎたことも遠因でしょう。

回転寿司チェーンなどで時折行われる「大間マグロフェア」などのイベントは、大きな集客効果があります。ただ、回転寿司チェーンは、大間マグロの調達コストを抑えるために、小さなマグロも混ぜられることが多いようです。その結果、大間マグロの醍醐味である脂の乗りなどは味わえなかったりもします。

一方で、大間に近い漁場で取れて北海道に水揚げされたマグロのほうが安くて品質が良い場合も多いことは、この業界にいる人なら誰もが知っていることです。ただし、消費者はやはり「大間」というブランドに魅力を感じます。現在の水産流通では最終消費者に近い、末端市場の立場が強いこともあり、大間マグロというブランドが独り歩きしているような状況になっています。そのことは、大間のマグロ漁師にとってのヤミ漁獲への誘惑を高くしていたともいえます。

今回、ヤミ漁獲に加担した大間の漁師に科された刑罰は10万～20万円の罰金のみ。これではヤミ漁獲の抑止になるとは思えません。

一方で、大間以外の近隣の港にも、おいしいマグロが揚がるということが消費者に周知されれば、消費者が大間ブランドに集中することもなくなり、ヤミ漁獲に手を染める漁師も少なくなるのではないでしょうか。

第3章 激変するサカナのロジスティクス

国内の冷蔵倉庫が満杯に⁉
コロナ禍のサカナクライシス

マイナス50℃も……食材によって異なる保管温度

　これまで誰にも身近な存在である回転寿司を例に、気軽に魚を食べられなくなる可能性についてお伝えしてきました。

　しかし、庶民的な水産物ばかりではありません。マグロ、イクラ、カニ、ウニ、エビ……。年末年始の食卓や宴席を彩るはずの高級水産物も、２０２２年末に価格が高騰したことは記憶に新しいでしょう。背景には、これまでにも述べてきたような円安や原油高による仕入れ値高騰もありますが、それだけではありません。

　今、水産業界で懸念されているのが、国内の冷蔵倉庫のキャパシティのひっ迫です。

輸入される生鮮水産物の多くは、冷凍状態で輸入され、国内でのコールドチェーン（低温状態での流通）に乗せられます。発注者へ直送される場合を除き、流通段階で少なくとも1回は冷蔵倉庫で保管されることになります。

冷蔵倉庫とは、倉庫業法では商材をマイナス10℃以下で保管する倉庫のことを指しますが、その保管温度帯によって、クラス分けがされています。

水産業界で最も一般的に利用されるのは、マイナス20～25℃くらいの保管温度帯の、F1級と呼ばれる倉庫です。このクラスの倉庫は水産物冷凍食品や食肉、アイスクリーム類なども混蔵されます。

それよりやや低い、マイナス30～40℃くらいの保管温度帯の倉庫は、F2級（セミ超低温）と呼ばれ、水産物では甘エビなどといったデリケートな商材が保管されることが多いです。一方でマグロやウニなど、数か月から長ければ1年以上保管されることもあるような商材は、品質劣化を防ぐために、さらにもうワンランク低温となるマイナス40～50℃のF3級倉庫（超低温）で保管されます。

冷蔵倉庫は、大手水産会社など自前で持っている場合もありますが、ほとんどの場合は倉庫業者が運営する営業冷蔵倉庫に、保管料を支払って商材を保管してもらいます。

保管料の計算方法については、基本料金や入庫料などさまざまな項目があり、保管温度帯によっても変わってくるので少々複雑です。ただ、平均的に物流コストの15％以上を占めるともいわれています。

冷蔵倉庫に保管していた貨物を販売する際は、倉庫業者に予め出庫依頼をしたうえで、運送業者に依頼するか、自社便で引き取りに行き、客先まで運びます。ちなみにこの出庫依頼は、多くの場合、ＦＡＸで行います。メールに対応し

海外から輸入された冷凍食材は一旦、国内の倉庫に入れられる

ている倉庫業者もありますが、いまなおアナログなＦＡＸが主流なのです。

輸入水産物における冷蔵倉庫の重要な役割

その際、通常の営業時間内（午前8時半〜午後5時半）に商材を出庫することを「日中出し」といいます。一方で、深夜に冷蔵倉庫から荷物を出すことを「早出し」といい、朝の市場での販売に間に合わせたい場合などに利用されます。

早出しで出庫するためには、倉庫業者に出庫依頼を、通常は前日の午後3時までに行っておく必要があります。ただ、大阪ではこの早出しのことを「宵出し」と呼びます。大阪の冷蔵倉庫とやり取りする際は、この表現の違いで混乱してしまうことがあるので、私は毎回間違えないように何度も確認します。

日中出しの場合、もしＦＡＸの送信エラーなど、何かしらのミスがあって依頼が行き届いていなくても、倉庫業者の営業時間内なので対応してもらうことが可能です。ただ、早出し（宵出し）の場合は、引き取りに行った際に何かの手違いで貨物が用意されていなかったら、倉庫業者の事務所はすでに閉まっているためどうすることもできません。市場には商品が届かなくなるため、大きな問題になることになります。

水産会社の新入社員にとって、この早出しの出庫依頼のミスは一種の登竜門のようなものとなっています。出庫依頼の不備を翌日朝の電話で知って青ざめ、謝罪に行ったり、自ら車を走らせてお客さんのところに納品しに行ったりすることは、この業界では多くの人が経験しています。

もちろん、業界歴が長くなっても出庫依頼のミスをすることはあります。しかし、冷蔵倉庫の担当者といい関係が築けていれば、時間外の依頼受付や出庫対応などに温情で対応してくれることも一昔前にはありました。

命ともいえる貨物を預ける倉庫業者は、水産業者が最も大切にしなければならないパートナーのひとつなのです。

さらに倉庫業者は、われわれ水産業者にとってのもうひとつの急所も握っています。それは仕入れ先や売り先の情報です。特に私のような中小の水産業者にとって、どこから仕入れてどこに売っているかというのは、大切な企業秘密です。

水産流通の世界は、生産者から最終消費者までが一本道でつながっているわけではありません。私の会社の事業は基本的には水産貿易商ですが、実際の業務内容は海外から買い付けをした商材を量販店や飲食チェーンに販売するだけではないのです。

同業の貿易商から買い付けて、顧客に納品することもありますし、私が持っている在庫を別の貿易商に販売することもあります。また、同業の貿易商から買い付けて、さらに別の貿易商に売るというケースもあるほどです。そういうと、〝転売ヤー〟をイメージされる方も多いと思いますが、当たらずしも遠からずといったところです。こんな話をすると、われわれは単なる中間搾取のように思われるかもしれません。しかし、水産業界では、弊社のような調整役が不可欠なのです。

鮮度が重要視される水産物は、日用品などとは異なり、必要以上の在庫を極力抱えないようにしています。一方で、水産物というのは養殖のものも含めて自然のものなので、機械を稼働していれば安定的に生産できるというわけにはいかず、魚種のシーズンはもちろん、天候や気象などによって突然、水揚げ量が激減するということも日常茶飯事です。

情報を駆使して無在庫転売を行う中小水産会社

そんな状況下で頻発するのが、「予定していた仕入れ先から入荷ができなくなり、在庫が足りなくなった」という事態です。

そんなときこそ弊社のような中小水産会社の出番です。例えば飲食チェーンなどから突然、「サイズが◆◆の●●産の甘エビが1000ケース足りないんだけど、明後日までに見つかりますか?」などと連絡を受けたりします。

そんなに急に言われても、もちろん在庫を持っているとは限りません。そこで弊社はこれまでの経験や蓄積したデータなどから、「この時期ならX社に在庫があるはずだ」と割り出し、在庫を確保します。そしてX社の冷蔵倉庫に運送便を飛ばし、甘エビを出庫し、飲食チェーンへと届けるわけです。

このように弊社では在庫を抱えることは一度もなく、「右から左へ」流すことで、利鞘を得ることができるケースもあります。簡単にいうと「無在庫転売」です。寡占化が進む業界で、弊社のような中小企業が立ち回るには、誰がどれだけ在庫を持っていて、誰がどれだけ欲しがっているという情報に常にアンテナを張っていなければなりません。そうした点ではある意味、情報業ともいえます。

ちなみにこの際、X社には弊社が引き受けた甘エビの在庫がどこへ向かうのか、また飲食チェーンには甘エビがどこの在庫だったのかは、それぞれわからないようにします。それを知られてしまうと、両者が弊社を抜かして取引をすることが可能になってしまうからです。弊社がいくらで仕入れていくらで卸したかを、両者にそれぞれ知られることも、商売をするうえで不都合です。

しかし、倉庫業者は自社の冷蔵倉庫を経由する貨物が、どこからどのくらいの量が来てどこへ行くか、全て把握しています。それらの情報は、保管する貨物の管理に不可欠であるため、荷主が申告するからです。倉庫業者には守秘義務があるため、もちろん保管する貨物の情報を口外することはありません。

日本中の冷蔵倉庫の空きスペースがなくなったワケ

本題に戻りましょう。そうしたあらゆる冷凍品の保管施設としての冷蔵倉庫の、収容能力に占める在庫の割合を示しているのが、日本冷蔵倉庫協会が公表している「庫腹占有率」です。これが、２０２２年7月時点で92・7％（主要12都市の合算）に達しており、前年同月の87・9％と比べてひっ迫度が増していたのです。

しかも、その収容能力は６７０万ｔと、前年同月の６５４万ｔから増えていました。にもかかわらず、冷蔵倉庫の占有率がひっ迫しているのは、入庫量が出庫量を上回っているからです。

一方、２０２２年7月の入庫量も１１１万ｔ（主要12都市）と、同月の値としてはパンデミック以降最大となりました。一方の出庫量は１０７万ｔにとどまり、前年同月よりも4万ｔ少なくなっていました。入庫量が出庫量を上回る（つまり月末在庫が増加する）のは２０２２年3月以降5か月連続で、過去10年を振り返ってみても例がありません。

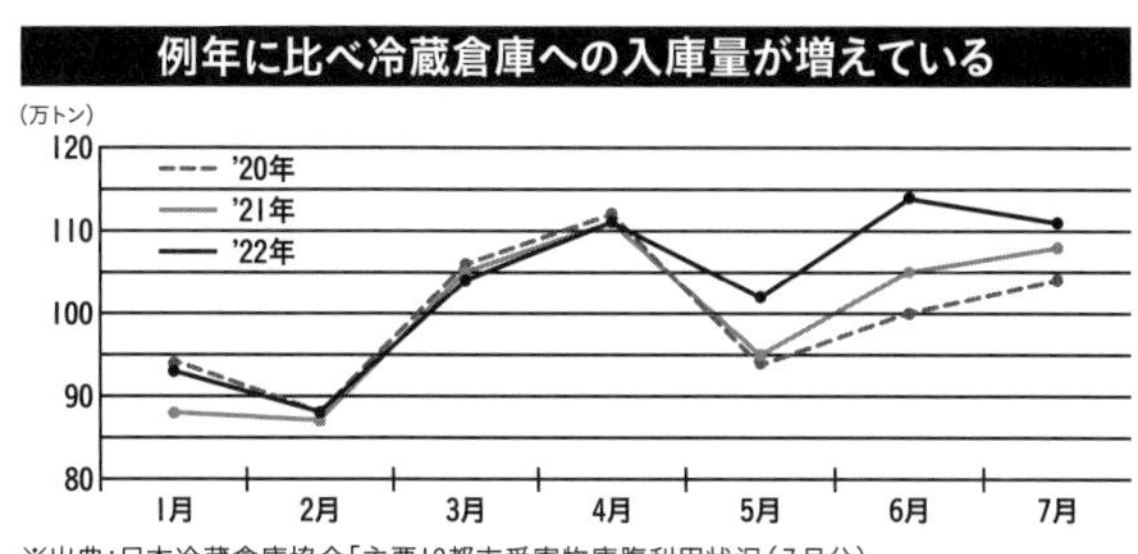

※出典：日本冷蔵倉庫協会「主要12都市受寄物庫腹利用状況（7月分）」

こうした〝異常事態〟の大きな一因となっているとみられるのが、2022年に中国各地で断続的に行われてきたロックダウンとの関係です。5月半ばまで約2か月続いた上海のロックダウンにおいては、あらゆる中国向け輸出が停滞しましたが、多くの冷凍品が庫内にとどまることとなったのです。

もうひとつが食肉の滞留です。一般的に、水産物に比べて長期冷凍保存が可能な食肉は、仕入れ値が安いときに買い溜めして輸入しておく習慣があります。2022年春頃からの急激な円安の進行で、駆け込み輸入に拍車がかかっていたのです。

加えて、牛肉と鶏肉に関しては別の要因もあります。まず牛肉については、価格上昇で消費量が落ちて出荷が滞っています。さらに、チルド温度帯で保管していた、消費期限の短い牛肉が在庫の長期化を見込んで、加工されたうえで冷蔵倉庫に入れられるというケースが増えていました。

特に鶏肉に関しては、2021年のコンテナ不足のときにクリスマスシーズンに品薄となった苦い経験から、2022年は早めに日本国内に搬入しようという動きが強まりました。

さらに、値上げラッシュによる影響も無視できないでしょう。コストカットのために牛肉のメニューから豚肉や鶏肉のメニューに切り替わり、牛肉の消費スピードが遅れた、という可能性です。さらに牛肉同様、魚介類も値上げにより出荷されるペースが遅れ、冷蔵倉庫のスペースが不足したという説もあります。

こうしたさまざまな理由で、食肉の在庫が例年より多くなり、スペース不足となっているのです。

例年ならば年末年始需要に向け、毎年夏頃から水産物の輸入が増えます。ところが冷蔵倉庫のキャパ不足に陥れば、冷凍コンテナで日本の港まで運ばれた輸入水産物が上陸できず、納品もできないという事態に陥ります。

年末にスーパーの水産コーナーで大量販売されるロシア・北米産の冷凍ズワイガニなどは、本来なら11月下旬頃までに搬入し、年末年始の販売に備えます。しかし、輸送や国内搬入の遅れにより、品物が間に合わず、販売チャンスを逃してしまうことも十分に考えられます。

人材不足と電気代の高騰に悩む冷蔵倉庫

同時にスーパーの年末商戦の目玉のひとつ、マグロも影響を受ける可能性が高いでしょう。年間を通して輸入されている冷凍マグロですが、月別取扱数量で見ると例年12月に最大となっています。それに従って相場も年末年始に上昇します。

豊洲市場の冷凍インドマグロの月別平均卸売価格を見ると、２０２２年は3月以降、値上がりが続いており、２０１７年以降は最高水準で推移しています。これに冷蔵倉庫のキャパ不足による流通停滞の影響が加われば、今後年末の冷凍マグロ価格は庶民にはとても手の届かないものになってしまうかもしれません。

また、回転寿司の赤エビや、海外加工の年越しそば用のエビ天ぷらなどが品薄状態になったり、欠品を起こしたりする可能性があります。

冷蔵倉庫のスペースは全国的に不足していますが、東京都内の主要冷蔵倉庫に至っては、新規入庫を断られるケースも起きていました。2022年の9月時点でこのような状況になるのは、本当に稀といえます。

こうした状況は、年末年始を過ぎてもしばらく続きました。日本ではコロナ禍に始まる消費低迷から、なかなか在庫の消化が進まない状況となっていることも理由のひとつです。

ただ、そもそも在庫として滞留するくらいなら、国内での消費スピードに合わせて徐々に輸入すればいいという考え方もあるでしょう。実際にこれまで、日本の飲食業や小売業は品質至上主義のもと、特に冷凍水産物に関しては在庫期間をできるだけ短くするよう、生産者や商社にギリギリの発注をしていました。

しかし、世界では慢性的なコンテナ不足が続いています。運べるときに運ばなければ、次はいつ運べるかわからないという状況なのです。

結果、冷凍輸入品も国内で在庫として滞留する時間が長くなっています。世界的なコンテナ不足が解消されない限り、冷蔵倉庫のキャパの根本的な回復は不可能でしょう。

スペース不足のほかにも冷蔵倉庫に関して懸念が高まっているものがあります。まずは電気代高騰による冷蔵倉庫の料金値上げで、2021年の1年間で保管料を3〜4割値上げした営業冷蔵倉庫もあります。2023年時点でも、電気代は上がり続けています。今後も段階的に値上げは続くとみていいでしょう。

さらに深刻なのは冷蔵倉庫の人材不足です。

荷捌きなどのポジションにあたる従業員は、日本人だけでは十分なマンパワーが揃わないため、アジアや南米から来た外国人労働者に頼らざるを得ません。そうなると当然、言語の問題も生じてきますし、国籍も違えば貨物に対する考え方も違います。日本人の指導係を配置して外国人を教育するにしても、日本人の人材も不足しており、そこまで余裕はないのが現状です。

加えて現在、冷蔵倉庫は従業員の慢性的な不足に加えて、マネージメントを行う人員の配置にも苦労しており、選別ミスなどのトラブルが以前に比べて増えたという話も耳にします。

ただ、これまでの日本国内の冷蔵倉庫のサービスが高レベルすぎたともいえます。利用する水産会社は、いつまでも過去の水準を期待するのではなく、「もはや以前のようにはいかない」と意識を変革させることも必要なのかもしれません。

国内の魚市場が続々と閉鎖！「魚河岸」はなくなってしまうのか

魚市場を経由する水産物の割合は5割以下

これまで水産業界特有の流通形態とその問題点について紹介してきました。しかし、まだ触れていない重要な流通経路があります。それは水産卸売市場です。

水産卸売市場の原型を魚河岸と考えると、その歴史は江戸時代初期にまでさかのぼります。当時、江戸前（東京湾）で漁ができたのは、幕府から認可を受けた限られた漁師だけでした。

そうした漁師は、漁業権というお墨付きとの引き換えとして、幕府にその日獲れた魚を献上していました。その残りを日本橋などで並べて売り始めたのが魚河岸の始まりといわれています。

その後、三代将軍家光の時代になると、生け簀や活船（生け簀を搭載した船）の登場によって、江戸では伊豆や瀬戸内など、江戸前以外の魚も売られるようになり、魚河岸は大きく賑わうようになります。

そうなると、漁師から魚を買い取る問屋や、問屋から魚を仕入れて販売する小売商、さらにはその間を取り持つ仲卸などが現れ、今の水産業界に近い流通形態が生まれました。その後、関東大震災を機に日本橋の魚河岸は消滅しましたが、１９３５年には東京都中央卸売市場が築地に開場。そして築地市場は２０１８年に豊洲へと移転したわけですが、そこへ至るまでのすったもんだが当時連日のように報道されていたことは、日本人が魚市場を身近な存在として認識していることを図らずも証明したのではないでしょうか。

おそらく皆さんは、普段食べている魚介類の多くが、市場経由で流通しているイメージを漠然と持っていることでしょう。

しかし、農林水産省が公表している市場経由率（卸売市場を経由して流通される割合）を見ると、水産物については2019年で46・5％にとどまっています。

つまり、日本で流通している水産物の半分以上は、市場での取引を介していないのです。1998年には市場経由率が71・6％だったことを考えると、激減したといえるでしょう。

そうしたなか、全国には危機に瀕している魚市場も少なくありません。

2019年には、同地が漁村だった時代からの名残を受け継ぐ千葉県の浦安魚市場が閉鎖。2021年3月には半世紀以上の歴史を持つ東京・八王子魚市場や、大正時代から続く名古屋の下之一色魚市場が閉鎖されるなど、大都市圏でも魚市場の閉鎖が進んでいます。

市場経由率の落ち込みのひとつの原因は、水産物の海外依存の高まりです。今や国内流通量の4割を占める輸入水産物は、マグロなどの一部魚種を除き、生産者や現地水産事業者と国内事業者の直接取引によって持ち込まれることが多いため、国内の水産市場を素通りしていきます。

こうした流れは国産の水産物にも及んでおり、市場経由率の低下に拍車をかけて

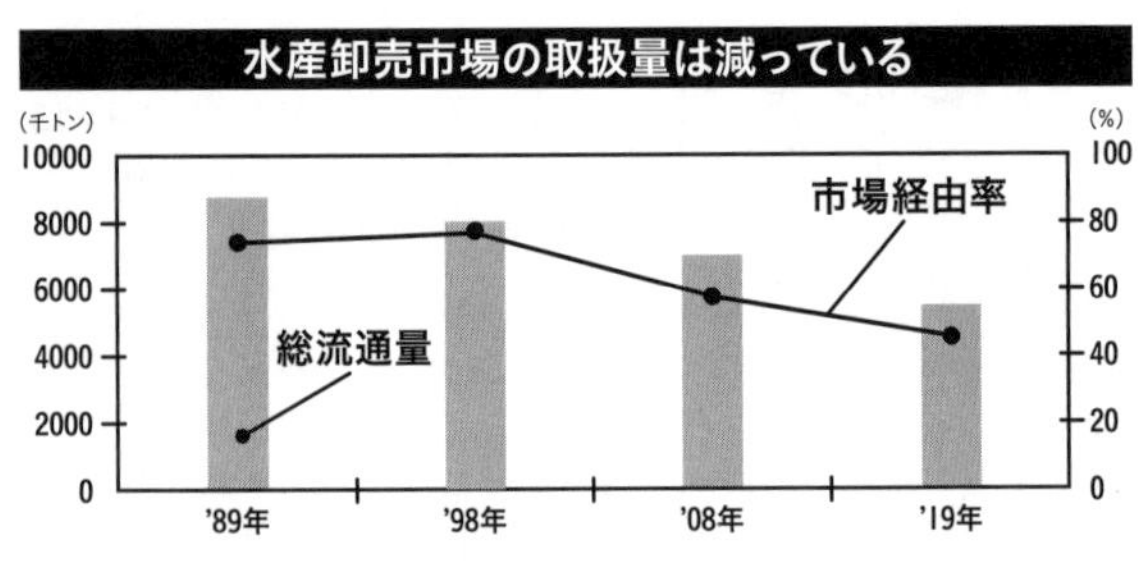

出典：農林水産省「令和３年度　卸売市場データ集」

いるのです。〝市場離れ〟が起きる理由をお話しする前に、まず水産卸売市場の仕組みを簡単に説明したいと思います。

意外と知られていない魚市場の仕組み

おおまかにいえば、「水産卸売市場」とは競りが行われるオークション会場です。競りを取り仕切るのは「大卸」とも呼ばれる卸売業者。オークションサイトで例えるなら、大卸はヤフーオークションにあたります。

一方、魚を市場で売る漁業者は「出品者」として水揚げした水産物を大卸に持ち込み、競りにかけてもらいます。参加できるのは、農水省から認可を受けた「仲卸」と売買参加の権利を持つ者のみ（落札者）。それぞれの魚種（つまり出品物）において最も高額で入札した仲卸がそれを買うのです。

大卸は、ヤフオクと同じように、落札者である仲卸から支払われた代金から５％前後の手数料を引き、出品者である漁業者に渡します。仲卸は仕入れた水産物を、小売業者や飲食事業者に販売します。競りを伴わない場合もありますが、手数料を徴収する仕組みは同じです。

競りという形態をとることで、常に売り手と買い手にとって適正な値段での取引を実現できたため、魚河岸と呼ばれた時代から卸売市場は水産物流通の要でした。

しかし、そこに変革をもたらしたのが、１９８０年代に小売り大手だったダイエーによる流通革命だといわれています。

当時ダイエーは、店舗の全国展開やＰＢの開発など、現在の食品小売業の常識となる試みをいち早く取り入れ、１９８０年に小売業として初めて売上高１兆円を達成します。一方で、さらなる価格破壊を実現するため流通の上流に位置する企業を次々と傘下に収めていきました。

こうして、ダイエーは水産物を卸売市場の仲卸からではなく、生産者から直接買い付けるようになったのです。そうすることで、大卸に払う手数料や委託料をコストカットすることができ、長期契約によって安定した供給量と価格のもとに仕入れを行うことができたからです。

ダイエーはその後、経営不振に陥り、イオングループの傘下に入りましたが、こうした食品小売業の流通グループ化という流れはイオンをはじめ同業他社はもちろんのこと、大手外食チェーンにも受け継がれ、水産物の直接取引は常識となっていったのです。ひと言でいうなら、小売業が大規模化したことにより、流通における卸売市場のプレゼンスが低下したのです。

豊漁と不漁の「調整弁」としての市場の役割

水産流通における卸売市場離れの背景には、旧態依然とした大卸への、小売業者や飲食事業者など買い付け側からの不満があったと聞きます。

大卸は手数料ビジネスなので、リスクなしにいつの時代も安定して収益を上げていました。にもかかわらず、配送センターの設置や作業スペースの確保といった、買い手（小売業者）の利便性を考えた設備上の改善を、近年に至るまでほとんど行わなかったのです。

また、仲卸は買い手によって提示する価格を変えるなど、外から価格相場が見えづらい部分があったことも市場離れの遠因だとする意見もあります。重量や数量が曖昧な商品を取り扱うという性質上、ときに懇意にしている買い手と仲卸の担当者の間で不透明な取引が行われていたことも以前に

地方にある水産卸売市場の数はどんどん減ってきている（写真は福島県の請戸地方卸売市場）

はあったようです。

　これまで既得権に守られた水産卸売市場の斜陽は時代の流れかもしれません。しかし、このまま淘汰されていいと私は思いません。

　水産卸売市場の大切な役割が流通の「調整弁」としての機能です。

　市場の競りでは一般的に、アダム・スミスのいうところの「神の見えざる手」によって決定される、「最も適切な価格」で取引されることになります。つまり、豊漁の魚は割安となることで販売量を増やし、不漁の魚は限られた在庫を割高で販売することで、ともに生産者の利益を最大化するのです。

　これまで市場では、豊漁時に捌ききれなかった魚は市場内の店舗に回され、小規模事業者や一般消費者向けに販売されていました。つまり生産者にとって市場は、「出せば適切な価格で売ってくれる」という存在だったのです。

　一方では、市場を経由しない直接取引では、競りのときほどは「神の見えざる手」が発揮されません。豊漁時にも、生産者は継続的に取引のある売り先との契約量以上に売ることは難しく、余剰分は廃棄または二束三文で投げ売りされることになります。一方で、不漁時には、限られた在庫をすでに契約してある価格で販売することになるので、生産者にとっては実入りが少なくなってしまいます。

こうしたなか、水産物の生産者は「売り物があるときには儲からず、儲けどきには売り物がない」というジレンマに陥っています。

また、直接取引においては、基本的には大手の小売りや飲食業者が設定した「規格」が絶対です。規格に合わないサイズや鮮度のものに関しても、売り先が見つからないという事態になりかねません。

直接取引も、売り手と買い手の合意によって決められることが原則ですが、どうしても大口で買い付ける事業者が主導権を握ることになります。

いずれにしても、売り手である漁業者の収益性が損なわれる可能性があるのです。卸売市場の減少で、食卓に上る魚の種類や数にどう影響を与えるか、注視していく必要があるでしょう。地域ごとの水産物の多様性が失われるようなことにもつながりかねません。

異業種から参戦！
スーパーのパック寿司という刺客

コロナ禍で存在感を増したスーパーのパック寿司

安く手軽に新鮮な魚を食べられるという点を武器に幅広い客層から支持を得てきた回転寿司店ですが、近年、強力なライバルが台頭してきています。それがスーパーのお惣菜コーナーです。互いに業種こそ違いますが、両社は熾烈な客の奪い合いをしている関係にあります。

コロナ禍でのステイホームをきっかけとした「イエナカ消費」の盛り上がりを受け、スーパー業界ではお惣菜コーナーを充実させる動きが活発化しました。そのなかでも各スーパーが特に力を入れているのがパック寿司です。

水産業界紙『みなと新聞』が2023年1月に、全国の有力スーパーと生協計27社を対象に行ったアンケートによると、2021年に比べて取り扱いを増やすものの首位は回答社数19で「焼魚調理済み品」。そして、それに次いだのが回答社数18の「寿司」となっています。

こうしたスーパー業界の目論見は、消費者のニーズに合致したものです。

伊藤忠グループのリサーチ会社「マイボイスコム社」が2023年1月に行った「お寿司に関するアンケート調査」で、「食べる寿司のタイプ」について尋ねたところ（複数回答可）、「購入したもの（お惣菜、弁当、テイクアウト、通販など）」との回答が74・8％でトップ。「外食（回転寿司）」の68・9％を上回る結果となりました。

しかし、2018年時の同じ調査では、「外食（回転寿司）」が74・5％で首位。「購入したもの」は70・1％で次点となっており、数年のうちに両者の立場が逆転しているのです。

また、上記設問で「購入したもの」を選んだ回答者に、寿司の購入場所について聞いたところ、２０２３年アンケートでは「スーパーの店頭」が86・３％でトップ。次点の「回転寿司の店舗でテイクアウト」29・２％を大きく引き離す結果となっています。

さらに、同アンケートでは、「寿司購入時の重視点」についても尋ねていますが、上位２つは「価格」（73・９％）、「具材・ネタの種類」（64・９％）となっており、それに続く「味」（61・６％）、「鮮度」（36・５％）よりも優先されていることがわかります。

つまり、回転寿司がスーパーに客を奪われているという実態は、消費者にとって回転寿司はもはや最も安く寿司を味わうための選択肢ではなくなってきているという事実です。

私見となりますが、パック寿司が人気を集めている経済的な理由には価格の安さ以外に「予算オーバーにならない」という安心感もあるのではないでしょうか。

一皿１００円台の回転寿司でも、酒を飲んだり、サイドメニューやスイーツを注文したりしていると、思ったよりもお会計金額が膨れ上がっていた、というような経験がある人も多いでしょう。家族での会食となればなおのことです。

目下、回転寿司業界は、物価高騰で固くなった顧客の財布のひもをどうにかゆるめる施策やメニュー作り、キャンペーンを講じています。顧客に当初の想定以上の金額を使わせるのは、全てのビジネスにおいて重要なポイントですが、回転寿司に限っていうと、それが裏目に出ている部分もあるのかもしれません。

パック寿司の利点は「値段を下げられる」こと

一方で、スーパーのパック寿司には回転寿司が真似したくてもできないいくつかのアドバンテージがあります。

まず一つ目は、「コスト調整のしやすさ」です。回転寿司の場合、ある魚種が高騰している局面では、基本的には利益を削ってでも販売し続けるか、値上げに踏み切るかのどちらかしかありません。価格はそのままに、ネタを小さくするといった「実質値上げ」もある程度可能ですが、それにも限界があります。

スーパーで販売されているパック寿司。コロナ禍ではどこも売り上げを伸ばしていたという。今後も〝家寿司〟は定着するのか

一方でパック寿司の場合は、ひとパック当たりのトータルでコストの帳尻を合わせれば良いため、「高騰しているネタを外す」とか、「高騰しているネタは替えないが、ほかのネタを安くなっているネタに交代させる」といった調整が可能です。

もちろん、回転寿司でもネタによって利益率は異なり、「ウニは採算度外視でも客寄せと割り切り、玉子や鉄火巻きもたくさん食べてもらおう」という戦略は存在します。ところが、回転寿司の常連客はこうした店の手の内をよく知っていて、顧客にとってお得なネタを狙い撃ちして注文するので、そううまくはいきません。

次に、値引き販売が可能である点もスーパーのパック寿司の利点です。

夕食時を過ぎたスーパーでは、生鮮食料品やお惣菜に割引シールがぺたぺたと貼られ始めます。パック寿司も例外ではありません。こうした値引きは、一義的には売れ残りによるロスを削減することを目的としたものです。

回転寿司業界は一時期、この廃棄率の高さに悩まされていました。レーンを何周か回っても客が取らなかった皿は、ネタが乾いて廃棄せざるを得なかったからです。また、客の入りが少ない日が続けば、寿司にならないままに廃棄される原材料も少なくありませんでした。

しかし、最近は回転寿司店でも注文を受けてから提供することが主流となったことや、ＩＴ技術やＡＩを活用した需要予測などにより、大手チェーンの廃棄率は数％台にまで抑えられているようです。

ただ、スーパーの値引きシールには別の効果もあります。例えば定価１０００円のパック寿司を売る場合、１０００円が出せる客にはその値段で売り、１０００円は出せないが８００円までは出せるという客にも2割引きのシールを貼ることによって売ることができるのです。それでもまだ在庫がある場合は、さらに4割引きのシールを貼り、800円でも買わないが、600円なら買うという客に売ることができます。簡単にいうと、支払許容額の高い人には高い価格で、低い人には低い価格で販売することができるのです。

大手回転寿司チェーンでは、午後8時を過ぎたら全品半額というような値引きは、通常はやっていません。少額のクーポンが配布されることはあるかもしれませんが、基本的にはそれぞれのネタの価格は一定で、その価格に納得できない客とは商売ができません。

さらに極端にいえば、スーパーのパック寿司は「儲けを出さなくてもいい」という最強の利点もあります。回転寿司チェーンが、いくつかのネタを原価割れで提供するのと同じ理屈で、パック寿司は採算度外視でも、それを目当てに来店する客が、ほかの日用品や食材を買ってくれるなら、そちらで利益を出すことが可能だからです。

私もいくつかのスーパーでパック寿司を買ったことがありますが、レベルが高いものも少なくありません。関東系の某スーパーの場合、マグロやホタテ、イクラなどを含め、計16カン入ったパックが1000円以下と驚異的なコスパでした。これは回転寿司業界にとって強敵が出現してしまったなと、思わずうなってしまいました。

回転寿司業界にとってパック寿司は、異業界から来た思わぬ刺客ですが、今後も無視できない存在であり続けることは間違いないでしょう。

世界的な水産物高騰と日本が進むべき道

世界的な漁獲量制限であらゆる水産物が高騰

原油高や円安はもとより、世界的な需要の高まりで日本の〝買い負け〟が進む状態や、旧態依然を脱しきれない我が国の水産業界の構造的な問題について、これまで私なりに考察してきました。

そしてもうひとつ、日本の魚食文化に大きく影響すると思われる事象があります。それが国際的な水産資源保護への動きです。回転寿司大手・スシローが2022年11月中旬から秋サケなどを目玉商品にした「北海道祭」を開催したちょうどその頃、サケの安定供給に関わるニュースが水産業界を駆け巡りました。

日本にも輸出しているノルウェーの養殖サーモンの大手2社が、相次いで従業員の大量解雇に踏み切ったのです。両社が解雇した従業員は計1200人近く。寿司ブームも追い風となり、世界的に需要が伸びているサーモン業界に、突然のリストラ旋風を巻き起こしたのは、ノルウェー政府が打ち出したある政策です。

その方針とは、「資源税」の名のもと、養殖サーモン業者の所得に40%の「資源税」を追加で課すことが決定したのです。

背景には、ロシアのウクライナ侵攻でエネルギー価格の高騰や、難民受け入れの予算確保の必要が生じたことがあるようです。これによりサーモン養殖業者の売り上げに対する税額は、現在の22%から62%へと一気に跳ね上がるため、業界からは不満が噴出しています。一部の企業はすでに、生産調整と従業員の削減という対策に出ています。割高になったことでサーモンの競争力が低下することが予想されるからです。

この資源税導入は、われわれ日本の消費者にとっても対岸の火事ではありません。なぜなら、われわれがノルウェー産サーモンに支払う価格にも税額分が織り込まれることとなるからです。

ノルウェーのサーモンに対する資源税導入以外にも、水産資源の保護政策は、今や世界中で行われています。例えばアルゼンチンのエビ漁も、一昔前はエビがいなくなるまで獲り放題でした。しかし今は、水産当局の監視のもと、小さいサイズの割合が増え始めた漁場はしばらく閉鎖されます。

先にお伝えした、米アラスカでのカニの禁漁もそのひとつです。大西洋クロマグロやミナミマグロに至っては、絶滅危惧種として取引の規制を強化すべきという議論が国際的に湧き起こっています。

もちろん、水産資源の保護は国際的に取り組むべき喫緊の課題です。ただ、現実問題として、各国の法律や国際条約によってある水産物の漁獲量が制限されることになれば、さらに限られたパイを世界の消費者で奪い合うこととなり、水産物の相場はますます高騰していくでしょう。「生鮮魚介類の消費者物価指数」(水産庁)は、2010年からの11年間で3割以上も上昇しています。

一方で家計調査による、同期間の1人当たり年間の生鮮魚介類の購入量は、ほぼ

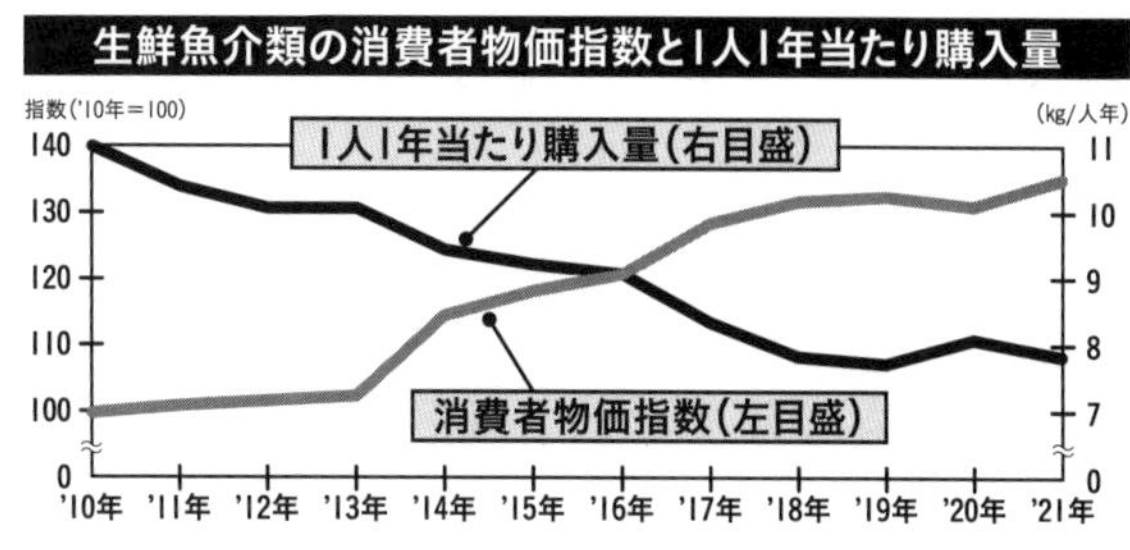

出典：水産庁「令和3年度 水産白書」　※対象は2人以上の世帯

3割減。これら2つを折れ線グラフにして重ねると、きれいなX字を描き、逆相関関係にあることがわかります。今後も、相場の上昇分だけ、生鮮魚介類の購入量は減少していくと考えられます。

日本でも昔から、クエやフグといった一部の高級魚は存在しましたが、基本的には「安くておいしい」というのが水産物の魅力でした。ただそれは、サカナを積極的に食べる消費者が限られていた時代の話です。世界中の消費者がサカナの味を覚えてしまった今、日本の魚食文化を存続させるためには、国を挙げてのある種の方向転換が必要となってくるでしょう。

コンビニに刺し身……期待される急速冷凍技術

なかでも私が最も重要と考えるのが、水産物取引の国際標準化です。

日本では鮮魚店でもスーパーでも、丸魚は「一匹いくら」で値段がつけられています。しかし、そういう国は世界では少数派で、重量単位で価格づけがされ、量り売りされている国がほとんど。この商習慣は日本の水産物流通にも大きく影響を与えています。

一匹単位の販売形態では、小売業者は同じ魚種であれば同様のサイズに揃えて仕入れようとします。そうなると、同じ魚種でも中型のものは品薄になる一方、大型と小型は売れ残る事態も起きてしまいます。こうした非効率なあり方は、消費者の支払うコストに反映されるのです。

また、海外からの水産物を輸入する際にも、日本の業者はサイズを揃えることを重視します。しかし、そんな日本の業者を相手にした商売は、現地の水産業者にとっては手間や売れ残りリスクが発生するため、価格を割高に設定したり、面倒がられて買い負けにつながったりするなどの要因となります。日本の小売りが一匹単位から量り売りに変えていくことで、将来的には水産物のコスト上昇をいくらか抑えることができるのではないかと思います。

一方で、希望もあります。例えば急速冷凍技術の飛躍的な進歩です。

今や、刺し身の状態に切り分けたものでも急速冷凍してしまえば、自然解凍しただけでほぼ味の劣化なく楽しめるレベルになっています。コンビニで冷凍刺し身を見かけた方もいるでしょう。国内の漁師が釣りたてを捌いた魚を急速冷凍し、消費者がネットで購入して手軽に味わえる時代になってきています。一方、近年スーパーでは廃棄ロスを嫌い、鮮魚の取り扱いを縮小する動きがありましたが、急速冷凍はそれを食い止める一助になるでしょう。

もうひとつは販路の多様化です。コロナ禍で販路を失った魚介類を消費者が割安に購入するプラットフォームが誕生し、今では漁師から直接、必要な量だけ買える時代になりました。また高齢者など「買い物難民」の増加により、鮮魚の移動販売も増えています。サカナ離れを食い止める動きも一方ではあるのです。

ただ、同時に消費者が変化を許容することも大事です。2022年は春先から、30年以上続いた100円回転寿司の値上げが発表されるなど、歴史的な年となりました。以前のような価格で、形の整った安全で安心な魚介類を食べることは難しくなるでしょう。

文化とは時代によって変化するもの。世界の水産市場が激動する今、私たちは時代に即した新たな魚食文化をつくり上げていくべきでしょう。

東京都内でも鮮魚の移動販売が行われるように。サカナ離れの一方、新たなルートでの販売も

特別座談会

「ここがヘンだよ日本の水産業界」

出席者

山本さん（仮名）
水産関連企業勤務を経て独立。現在は東南アジアや中国を中心とした海外市場に日本の水産物を輸出している貿易商

宮内さん（仮名）
大手水産専門商社に勤続20年。海外折衝や国内マーケティングを担当

筆者（小平）
進行＋聞き手

1000円の海産物が香港では3倍で売れる

――日本の魚食文化の今後に影響してくる要因のひとつに、海外での需要増があると思いますが、山本さんは日本の生食用の水産物をアジア各国に販売する仕事をされていて、どんなことをお感じになられますか？

山本　これまで日本からの生鮮水産物の輸出は北米と香港、シンガポールあたりがメインでした。結局、寿司を食べる人が多いってことと、それなりの購買力があ

るっていうのが前提になるのですが、アジア各国が経済成長とともに所得水準もどんどん上がってきている。それに、日本人と違って「生の魚はぜいたく品」というイメージがあるので、財布のひももゆるいんですよ。例えば日本で一匹1000円で売られている魚を香港に持っていったら、3000円で売れるイメージ。送料とか人件費は魚の値段にかかわらず付加されるので、単純に3倍というわけではないのですが。それでもだいぶ割高です。にもかかわらず、バンバン売れる。

――例えばスシローは、海外への出店を加速させています。東南アジアでは寿司人気がすごいとも聞きます。現地では中級レストランにあたると思いますが、それでも客はかなり入っているようですね。海外では寿司ネタは何が人気なんですか？

山本　アジアでは定番といえばサーモンやハマチ、マグロあたりです。脂が乗った魚が好きなんですよ。そして最近、人気に火がついているのがウニですね。中国人や東南アジアの富裕層はとにかくウニが好き。バフンウニがメインですが、ムラサキウニもどんどん消費されている。もちろん、まだ世界の供給量のほとんどは日本が消費していますが、そんな独り占めの状態も近いうちに崩れるでしょうね。

——商売繁盛ですね。このところの円安も追い風ですか?

山本　確かに契約時に売価1800/kgで試算していた商品が、円安の恩恵で2000円/kgで売れたというタイミングはありました。でも今は原油が高いですから。ちなみに原油高のときには物流コストに燃料調整費というのが付加されるのですが、相場よりも2か月ほど遅れて改定される。これに翻弄される毎日です。それに、アジアに生鮮水産物を売っているのは日本だけじゃないですから。中国や東南アジアの市場では、以前は日本を介して流通していたノルウェーのサーモンが直接入ってきていますし。マグロも単価の高い大トロや中トロは日本を素通りして中国に入っていく。日本から海外に輸出している海産物も、日本で流通しているものよりも品質がいいんですよね。ただ、これって先進国のやることなのかなという疑問はありますけど。私も商売なので……。

宮内　水産会社の同僚のマグロ担当者とゴルフに行くと、土日でも電話が鳴りっぱなしなんですよね。トロが取れる腹部はアメリカや中国にバンバン売れる。しかし、そのペースで売っていては背中の赤身が余ることになる。その余った赤身の売り先を見つけてくれという依頼の電話で、忙しいようです。

海外の生産者の買収を始めた日本の水産商社

――サーモンといえば宮内さんが詳しいと思いますが、確かに世界的に市場が盛り上がってきていますよね。

宮内　日本食の寿司ではなくて海外の「ＳＵＳＨＩ」という意味でいうと、結局、人々が最も食べる鉄板ネタというのはサーモンなんですよね。サーモンの世界市場の規模は2020年には500億ドル程度だったのですが、2027年までに730億ドル以上に達するといわれています。回転寿司でサーモンとして出されるネタには、サーモンのほかにトラウト（ニジマス）がありますが、いずれも分捕り合戦が激化しています。

――ロシアのウクライナ侵攻をきっかけとしたアトランティックサーモンの品薄はだいぶ解消されたようですが、価格は上がり続けていますね。

宮内　ウクライナ侵攻勃発直後は、ロシア上空を航空機が飛行できなくなって一時的に日本への供給が滞り、迂回ルートが確立されてからも物流コストの上昇分が付加されてしまったのですが、それ以上の影響となっているのが世界的な需要増です。アトランティックサーモンは高値更新が続いて、ここ1年間で4割以上も高騰しています（2023年3月時点）。

――もう、アトランティックサーモンは気軽には食べられなくなってしまいそうですが、日本のサーモン業界はどう対応しているのですか？

宮内　サーモン業界でいうと、今、顕著なのは水産会社によるパッカー（生産者）の買収の動きです。日本の水産大手もチリやノルウェーのパッカーを買収しています。最近も三菱商事グループの東洋冷蔵がノルウェーのセルマックを買収したばかりです。

――大手が流通の川上から押さえるという「根元から作戦」っていうやつですね。この動きは水産業界全体で広がっていますが、サーモンの分野ではどのような影響をもたらしていますか？

宮内　消費者にとってはいい影響と悪い影響があると思います。いい面でいえば価格と供給量の安定ですね。サーモンの主要生産国では、過密養殖を避けるために生産調整が行われていて、季節によっては需給がひっ迫することもあるので、オープンな市場で取引すると、価格が乱高下してしまうんです。一方で、生産者を抱え込めばそこで獲れるサーモンは独占できるわけですから、供給量や価格をコントロールできるようになるわけです。悪い影響というのは、業界が寡占状態になることで、価格が高止まりしてしまうこと。つまり、「いつでもサーモンを食べられるけど、価格はちょっと割高」という状況が続くわけです。

山本　資源が大手数社に押さえられているという状態ですね。資源あっての水産業ですから、新規参入ができないというマズさはありますよね。業界の風通しという点で考えると、決して良くないと思います。

宮内　ただ、サーモンのなかでも一番高級なアトランティックサーモンでいうと、そうでもしなければ日本の消費者はもう食べられなくなってしまうんです。アトランティックサーモンは世界で売れていて、アメリカやヨーロッパがメインの市場。

日本市場より全然高く売れるので、生産者を押さえなければ日本には入ってこなくなる。とはいえ、生産者の買収額は何百億円にもなるので、買収ができるのはやはり日本でも大手数社に限られてくる。それでいいのかという議論は、もちろんありますね。

補助金目当てで他業界から養殖ビジネスに参入

山本 例えばカラスガレイっていう魚は回転寿司ではエンガワとして使われていますが、これもそのうち日本では食べられなくなる可能性があります。カラスガレイの多くはカナダやロシアからの輸入品です。ただ日本は、エンガワの部分だけしか買わない。しかし売り手からしたらそれはめんどくさいので、できれば丸魚で売りたい。丸ごと買ってくれる中国あたりの需要が増えてきたら、日本には入ってこなくなるでしょう。日本も丸魚で買えばいいじゃないか、と思うかもしれませんが、日本に加工できる工場がない。これが海洋大国ニッポンの実態です。

——一方で日本政府は、サーモンをはじめ水産養殖への補助金を拡充していますよね。自給率を上げようというのが建前だと思いますが、効果としてはどうなんでしょうか？

宮内　水産関係の補助金はいくつかありますが、なかでも充実しているのが養殖関連事業への補助金。大きいものだと6～7割カバーされるものもあります。サーモンやエビ、サバなど、すでにいくつかの養殖事業が採択されて2026年頃までの出荷を目指して稼働しているんですが、水産業界の人間からすると「大丈夫かよ」という感じはある。政府はお金だけ出して、水産業のノウハウのない鉄道会社とか電力会社とかがそれに飛びついてやってるっていう感じで、どうやって売って収益を出すかというところまで誰も考えてない。太陽光発電のFIT制度の二の舞いにならなければいいですが……。

——どうせやるならノルウェーみたいに、政府が主導権を持ってやるべき。あそこはサーモンをはじめとする養殖魚の種苗の品種改良から、生産調整まで国策としてやっています。そうした取り組みも、アトランティックサーモンの価格上昇の一因になっています。ノルウェーの水産業者は高給取りで、若者にも人気の職業になっているみたいですし。そもそもサーモンが寿司ネタの定番になったのも、ノルウェーの水産政策が大きく関わっているんですよね？

宮内 ノルウェーでは、完全に国の成長戦略として水産業の振興が行われていますからね。ノルウェーでサーモン養殖が本格化したのは１９７０年代はじめ頃のことで、もともとは欧米市場がメインだった。しかし、欧米市場の需要が頭打ちになるとノルウェーのサーモンは供給過剰が続くようになった。そこで、１９８０年頃に打開策として目が向けられたのが、当時は世界でも確固たる地位を誇っていた日本市場だったわけです。ノルウェーが特に注目したのが日本の寿司文化。ノルウェー産サーモンを日本の寿司ネタとして定着させれば、安定した供給先になると考えたんです。しかし、当時の日本にはサケ・マス類を生食する習慣がなかった。一定期間を淡水で過ごすため、食中毒を引き起こす寄生虫を宿していることが多かったからです。そこでノルウェーは、官民が連携して養殖施設や餌を見直し、種苗も改良するなどして生食用のサーモンを開発していった。鮭の受精卵を30℃くらいのぬるま湯に一瞬くぐらせると、ヒートショックで性成熟しなくなって、その代わりに大きく育つ個体なるんです。精巣も卵巣も持たない代わりに、脂が乗っておいしいことで知られる「幻の鮭＝鮭児」を人工的に作っているようなイメージ。これを「三倍体」っていって、最近は日本のサーモン養殖でも採用されていますが、もともとこの技術を開発したのもノルウェーです。あと、日本人の好みに合わせ、餌にアスタキサンチンを入れて鮭の身の赤みを増すということもやりました。さらに無解凍で日本まで届けられる流通網も構築し、付加価値を高めていった。

――ノルウェー水産審議会（NSC）の存在も大きいですよね。日本をはじめ主要国に駐在所を設けて、現地マーケティングやリスク管理などを行っている。日本もどうせ養殖を推奨するのなら、海外戦略も含め売り先の確保も政策としてやっていってほしいですね。水産庁にそれだけのことができるかというと無理でしょうね。だから、とりあえず補助金をばらまいておこうという……。

全国どこでも同じ魚種しか並ばなくなった

宮内 水産庁のやってる変な政策といえば、ファストフィッシュの推進もそうです。ファストフードからもじった言葉で、あらかじめ骨も取って、レンジでチンするだけで食べられる水産加工食品のことですけど、あれもどこかズレてますよね。丸魚を買ってきて調理する時間がなかなか取れない共働き世帯をターゲットにしているんですが、やっぱり本来の魚のおいしさというのは損なわれてしまいます。あれを食べて育った子供が魚を好きになってくれるのか、疑問です。

山本 魚の消費量を増やしたければ、子供たちに逆に尾頭付きの魚を箸で食べる方法を教えるべきなのに……。

——ただ、ファストフィッシュは介護食の分野ではすごく成長していますよね。介護の現場では味より安全性ですから。高齢者の危険因子である魚の骨をあらかじめ除去し、万が一のときは納入業者に責任を取ってもらえるというのが理由です。ただ、現在の国内市場のシュリンクはファストフィッシュの推進なんかじゃどうにもならない。魚介類の年間消費量は、20年で約4割も減少しています。これにはさまざまな要因が指摘されていますが、お二方はどうお考えですか。

宮内　私は、日本の水産市場が衰退することになった最も大きな原因は、流通革命による小売業の巨大化や飲食業界のチェーン化だと思うんですよね。いずれも、価格破壊をもたらして消費者には良かった点も多いのですが、水産に関しては長い目で見るとマイナスの影響も多かった。例えば卸売市場の存在感が小さくなったことも、流通革命の影響のひとつだと思うんです。小売業や飲食チェーンが巨大化していくと同時に、市場を介さない取引が増えていった。小売業や飲食チェーンが欲しがるのは、必ず売れる魚で、売れるかどうかわからない魚は要らない。同じ魚でも、規格外のサイズの魚は要らない。それで今、小さいスーパーの鮮魚コーナーがどうなったかというと、そこに並ぶのはサーモンにマグロ、ハマチ、イカ、タコくらい。昔、街の魚屋は行ってみないと何があるかわからなかったけど、スーパーはいつ行ってもほぼ同じ面々。魚のマスプロダクト化といっていい。これでは週に何度も魚を買いに行こうという気も起こりにくいですよね。

山本　鮮魚コーナーがあればまだいいほうで、最近では、鮮魚を扱わないスーパーも増えつつありますよね。サカナの単価も上がるなか、売れ残って廃棄になってしまう可能性も高まってきている。調理もしにくいですし、牛肉のほうが重量当たりでは安いですから。だったらもう売れるかどうかわからない刺し身の棚は減らそうよっていう判断になってきています。やはり賞味期限が1日限りという「DAYゼロ商品」は扱いが難しい。食中毒のリスクも頭に入れておかなくてはいけない。

卸売市場の衰退で「町寿司」が減った

——今また別の問題で、回転寿司がレーンを回さなくなったりしていますけど、ちょっと前だと確実に売れるネタはレーンにどんどん流していましたよね。一方で、あまり人気のないネタは注文が入るまでレーンに乗せなかった。これって水産業界の縮図だったと思うんですよ。

宮内　回転寿司は店舗数が増えた一方で、いわゆる個人営業の町寿司が激減しましたね。ミシュランに載るような高級寿司屋と回転寿司しかなくて、その中間に位置していた町寿司が消えた。町寿司は、普段扱わないようなネタでもいいものがあったら仕入れて捌いてネタにするけど、回転寿司だとそうはいかない。他の飲食チェーンもメニューにないものは基本的に出せない。生産者からすると、規格外の魚や変わった魚種などは獲っても売れないということになる。これも、日本の近海漁業が盛り上がらない理由のひとつですよね。日本の近海ではいい魚がいっぱい獲れるはずなのに、船上凍結ができる船すらほとんどないですし。

――昔、卸売市場は「なんでもボックス」と言われていて。生産者からするとどんな魚でも出せばとりあえずお金に換えてくれるという仕組みが存在したんです。市場の大卸は「買えない」とは言ってはいけなくて、「いくらでしか買えない」と言わなければいけなかった。しかし、決まった魚種の小売業者や飲食チェーンの規格に合ったサイズしか売れないので、大卸も今は「要らないものは要らない」という態度を取らざるを得ない場面もあります。大卸は生産者から荷物を受け取ってそれを仲卸に渡すので「荷受け」とも呼ばれますが、生産者や輸入商社から「そんなことでは『荷受けない』と呼ばれるよ」と、ハッパをかけられることもあります。

山本　市場はオークション会場としての機能がすでに失われつつあります。競りの卸売手数料は5・5％と法律で決められていて、大卸は1万円で魚を売ったら生産者から550円を受け取るんですが、これだと結構厳しい。一方、相対取引であれば手数料はいくら取ってもいいので、相対のほうがいいんです。今、競りで食っている大卸はほとんどいないのではないでしょうか。そういう意味では、卸売市場は競りが行われる場所というよりは、配送流通センターとしての役割のほうが、もはや大きいでしょう。地方の市場の閉鎖が相次いでいるのもしょうがないですよね。

宮内　魚食文化の衰退の意味でいえば、地方の市場の閉鎖は影響が大きい。四国や九州を旅行していても、スーパーで見かけるのは東京と同じノルウェー産サーモンだったり、輸入の冷凍マグロばかりで、地の物はほとんどなかったりする。これは寂しいですよ。

――私の父は市場で働いていたのですが、今でも「流通革命の時代に、市場は小売業に歩み寄らないといけなかった」とよく言っています。流通革命以前は、生産者や大卸など、物を持っている側の立場が強くて、小売り側は「売ってください」という立場だった。それが、流通革命の過程で小売り側は、卸売市場での取引に仲卸として参加させてほしいとか、トラックへの積み込みスペースを確保してほしいとか、いろいろと要望を出していたようなんです。しかし当時の卸売市場は、「なんで小売り側におもねらないといけないのか」と突っぱねた。そのため小売業界は卸売市場との付き合いをあきらめ、川上から川下までを自前で用意するようになり、流通における卸売市場の存在感が縮小してしまった。

水産業界の首を絞める「売価補償」「消化仕入れ」

山本　水産業界が「確実に売れるものしか売らない」という風潮になってきている一方で、いったん売ると決めたものは意地でも供給します。小売店や飲食業界は「すみません、入荷できませんでした」という事態を一番、怖がるんです。もちろん、看板メニューが売り切れてしまうと客足に影響することもあるとは思いますが、例えば仕入れ値が高騰して原価割れが目に見えているような局面でも必ず仕入れる。これも全国の各店で足並みを揃えないといけないという事情もあるんでしょうけど。

手に入らないときは「ない」でいいと思いますけどね。

——回転寿司で言うと、サーモンのハラスなんてそうです。もともとハラスはスモークサーモンを作る際に取り除かれる部分で、キロ当たり600円前後と安く買えたので、回転寿司にするのにはちょうど良かった。でも今は、ハラスがおいしいってことが認知されたことと、アトランティックサーモンそのものの値段が高騰してしまったので、生産者からしてもハラスを除去して安く売る必要がなくなった。そういう経緯があって今、ハラスは入手困難になってきているんですが、回転寿司は意地でもかき集めようとしている。それでもさすがにそろそろ回転寿司から消えると思いますけど。

山本　小売店や飲食店の欠品がいかにタブーかということを反映しているのが「売価補償」という変な習慣ですよね。例えばある魚を100kg納品するという契約を水産卸と回転寿司チェーンが結んでいたとします。でも、その魚が品薄状態で、期日までに80kgしか納品できなかったとします。すると回転寿司チェーンは、不足した20kgがあれば販売することができた寿司の量から機会損失分を計算し、卸に補償させるケースもあるのです。卸はこれを避けるために、品薄の際には各地を駆け回ってなんとか契約した量を調達しようとします。時には同業他社から購入することもあるほどですよね。

宮内　「消化仕入れ」というシステムも水産業界の独特な商習慣ですよね。これは飲食チェーンなどへの販売でよく見られる契約形態ですが、客先の指定の倉庫にあらかじめ品物を入れておき、飲食店が使用した分だけ、あとでお金をもらうというもの。要するに富山の薬売りと同じスタイルです。飲食店側にとっては常に在庫に余裕があるうえに廃棄ロスの心配もないので非常に都合がいい。しかし、販売側にとっては、在庫状況や販売ペースの把握に手間がかかるうえ、長期保管になると経費もかさみ、品質や賞味期限などの管理も大変になってくる。水産業界での販売側の立場の弱さを象徴する契約形態です。

山本　会社からは長期在庫が悪とされる一方で、お客さんからは欠品が許されない。日本の水産業者の社員の板挟み状態は、涙なしには語れません。循環取引が横行していたりするという話も聞きますが、それも無理はない。

宮内　いわゆる「ぐるぐる回し」ってやつですね。簡単にいうと、長期在庫に陥っている商材をいったん別の業者に売って、それをまた買い戻すことで在庫期間をリセットする。実際は、買い戻すまでに複数の業者を経由させたりするんですが、在庫管理の担当者が怒られないためだけにある習慣で、過度な長期在庫害悪主義が生み出した弊害です。

――水産業界だけでなく、食品業界全体の問題ですが、「先入れ先出し絶対主義」もなんとかならないのかな、と思ってしまいますね。もちろん、賞味期限が近いものから順番に納品していくことは、理にかなっていますが、手違いや物流の遅れなどでその順番が前後してしまうことがたまにある。例えば、賞味期限が5月1日に切れる冷凍エビを納品した業者に、1週間後に賞味期限が4月15日に切れる同じ商材を持って行ったら、「前持ってきてもらったものより賞味期限が早い」と言って受け取ってくれません。実際に賞味期限が切れるのは半年以上先だったとしてもです。下手したら、5月1日よりも賞味期限が早い在庫はすべて、他の売り先を探すか、場合によっては廃棄しなきゃいけなくなる。

山本　こうした賞味期限逆転問題を起こさないために、食品流通にはかなりの負荷がかかっています。流通が追い越し禁止の一本道を走る車列みたいな状況になりますからね。前方の一台が止まると、後続の車が全部止まってしまう。賞味期限表示を「年と月」までにとどめるとか、柔軟な運用に変えることで物流の負荷が減るし、最終消費者が支払う価格も安くなるかもしれない。

――本書の中でも触れましたが、オリンピック方式の漁獲枠管理や、一匹売りの鮮魚販売など、日本の水産業界には世界的に見たらちょっと変わった制度や習慣が多い。何でも海外に揃えればいいというものではないですが、これだけ水産業界もグローバル化しているわけですから、一度、自らを見つめ直す時期に来ていると思います。われわれも、日本の水産業や魚食文化を守るため、尽力していきましょう。

あとがき

２０２２年は、ロシアによるウクライナ侵攻が始まった影響で、航路の変更などにより空輸のサーモンが欠品や品薄状態となり、アメリカではコロナ関連の給付金バブルが崩壊して、高騰していたカニ相場が急落しました。加えて、半ば永遠に続くと思われた「一皿１００円」の〝回転寿司神話〟も原料価格などの高騰であっけなく崩壊しました。

水産業界にとって非常にインパクトのある事件が頻発した、なかなか大変な１年でした。

激動の２０２２年春頃、『週刊ＳＰＡ！』編集部から短期集中連載のオファーをいただきました。10回の連載期間では、日本の水産業界について現状説明と意見を述べさせていただきました。本書はそれらの原稿を加筆し、最新情報にアップデートしたものです。

私も当初は気楽な気持ちで、海外と日本の状況の変化や認識の違い、日本の特徴的な業界内の慣習などをお伝えできたらいいと書き始めてみました。しかし、居酒屋でクダを巻いて愚痴を語るのとは違い、内容を面白く、読者の興味を引くものにするよう努めるのと同時に、正確にわかりやすく伝えなければいけません。加えて、水産業界の足を引っ張るような発言は避けなければならず、言い回しにも慎重に言葉を選びました。一個人が公共の場で発言するのは思ったより難しいと、非常に勉強になりました。

この数十年間で、世界の水産業界における日本の立ち位置は悪い意味で全く変わってしまい、目まぐるしく進化する他国の魚食ブームに乗り遅れている、という見方もあります。しかし一方で、寿司や刺し身、マグロは今や世界の共通言語であり、日本は魚食文化のリーダーであり続け、企業努力や物流設備の拡充で、日本全国どこでも良い魚が安く食べられる天国のような環境があります。

本書を通じて、当たり前にある魚のありがたさを知っていただき、「今日は居酒屋で焼き魚注文しようかな」「この刺し身はどこから来たのかな」「これ日本にそのうち入ってこなくなって食べられなくなったら困るな」「すいません、おかわりください」……などなど、魚を食べるときに考えるきっかけになれば嬉しく思います。

本書を作成するにあたり、国内外の水産事情をできるだけ誤解なくお伝えするために、さまざまな企業や、業界の各分野の専門家の方に状況を伺いました。本書の趣旨を説明すると、皆さん快く協力して、丁寧に説明してくれました。本来なら、一人一人お名前を挙げてお礼を言いたいところですが、匿名で教えていただいている方も少なくないので、割愛させていただきます。皆さん、ありがとうございました。最後に、私に短期連載と本書出版の機会を与えてくださり、担当してくれた『週刊ＳＰＡ！』編集部の江建氏、私と出版社の懸け橋になり、原稿執筆中にさまざまなアドバイスをくれた旧友のルポライター・奥窪優木氏にもこの場を借りて御礼申し上げます。

2023年5月　小平桃郎

カバー・本文デザイン：小田光美［OFFICE MAPLE］

編集：江 建［ライチブックス］

構成協力：奥窪優木

写真：共同通信社　時事通信社　チリーズ／PIXTA　Shutterstock.com
PESCARE　soypuertomontt　Agencia Andina PNA

本書は以下の初出記事に加筆・修正のうえ再構成したものです。
『週刊SPA!』2022年8月30日・9月6日合併号～12月6日号

小平桃郎（おだいら ももお）

’79年、東京都生まれ。東京・築地の鮮魚市場に務める父の姿を見て育つ。大学卒業後、テレビ局ADを経て語学留学のためアルゼンチンに渡る。現地のイカ釣り漁船の会社に採用され、日本向け検品およびアテンド業務を担当。’05年に帰国し、輸入商社を経て大手水産会社に勤務。’21年に退職し、水産貿易商社・タンゴネロを設立。水産アナリストとして週刊誌や経済メディア、テレビなどに寄稿・コメントなども行っている。

扶桑社新書 468

回転寿司からサカナが消える日

発行日 2023年7月1日　初版第1刷発行

著　　者………小平桃郎
発 行 者………小池英彦
発 行 所………株式会社 扶桑社
〒105-8070
東京都港区芝浦1-1-1 浜松町ビルディング
電話 03-6368-8875（編集）
03-6368-8891（郵便室）
www.fusosha.co.jp

印刷・製本………株式会社 広済堂ネクスト

Printed in Japan　ISBN 978-4-594-09516-1